交通技工院校汽车运输类专业新课改教材

机械识图习题集及习题集解

Jixie Shitu Xitiji ji Xitiji Jie

（第 3 版）

张庆梅　唐亚萍　**主　编**
黎庆荣　张鹏飞　**副主编**

人民交通出版社股份有限公司

北　京

内 容 提 要

本书是交通技工院校汽车运输类专业新课改教材,依据《机械识图(第3版)》教学内容编写而成。本书分为习题集和习题集解两部分,分别包括六个单元,主要内容为:图样的基本知识、投影作图、机件形状的表达方法、零件图、标准件与常用件的画法、装配图。

本书可作为交通技工院校、中等职业学校汽车类和机电类专业教学使用,亦可供汽车维修、机械制造等相关专业技术人员参考使用。

书　　名:机械识图习题集及习题集解(第3版)
著 作 者:张庆梅　唐亚萍
责任编辑:郭　跃
责任校对:赵媛媛　魏佳宁
责任印制:张　凯
出版发行:人民交通出版社股份有限公司
地　　址:(100011)北京市朝阳区安定门外外馆斜街3号
网　　址:http://www.ccpcl.com.cn
销售电话:(010)59757973
总 经 销:人民交通出版社股份有限公司发行部
经　　销:各地新华书店
印　　刷:北京市密东印刷有限公司
开　　本:787×1092　1/16
印　　张:11.5
字　　数:204千
版　　次:2004年9月　第1版
　　　　　2016年10月　第2版
　　　　　2023年11月　第3版
印　　次:2023年11月　第3版　第1次印刷　累计第22次印刷
书　　号:ISBN 978-7-114-18980-7
定　　价:35.00元

(有印刷、装订质量问题的图书,由本公司负责调换)

图书在版编目(CIP)数据

机械识图习题集及习题集解/张庆梅,唐亚萍主编
.—3版.—北京:人民交通出版社股份有限公司,
2023.11
ISBN 978-7-114-18980-7

Ⅰ.①机… Ⅱ.①张… ②唐… Ⅲ.①机械图—识图
—中等专业学校—题解　Ⅳ.①TH126.1-44

中国国家版本馆CIP数据核字(2023)第172706号

第3版前言

为适应社会经济发展和汽车运用与维修专业技能型人才培养的需求,交通职业教育教学指导委员会汽车(技工)专业指导委员会陆续组织编写了汽车维修、汽车营销、汽车检测等专业技工、中高级技工及技师教材,受到广大职业院校、技工院校师生的欢迎。随着职业教育教学改革的不断深入,职业学校、技工院校对课程结构、课程内容及教学模式提出了更高、更新的要求。《国家职业教育改革实施方案》提出"引导行业企业深度参与技术技能人才培养培训,促进职业院校加强专业建设、深化课程改革、增强实训内容、提高师资水平,全面提升教育教学质量"。为此,人民交通出版社股份有限公司根据职业教育改革相关文件精神,组织全国交通类技工、高级技工及技师类院校再版修订了本套教材。

此次再版修订的教材总结了交通技工类院校多年来的汽车专业教学经验,将职业岗位所需要的知识、技能和职业素养融入汽车专业教学中,体现了职业教育的特色。本版教材改进如下:

1. 教材编入了汽车行业的最新知识、新技术、新工艺,更新现有标准规范,同时注意新设备、新材料和新方法的介绍,删除上一版中陈旧内容,替换老旧车型。

2. 对上一版中错漏之处进行了修订。

《机械识图习题集及习题集解(第3版)》与《机械识图(第3版)》配套使用。主要内容包括:图样的基本知识、投影作图、机件形状的表达方法、零件图、标准件与常用件的画法、装配图,共计六个单元。全书图例均采用三视图与轴测图穿插应用、并列对照,注意零件与部件、汽车零件与装配图的有机结合,侧重采用汽车零件图、装配图等图样。在编写过程中,将技术制图与机械制图等国家标准按照课程内容编排于正文中,培养学生贯彻、查询、采用国标的意识和能力。

本教材由广西交通技师学院张庆梅、唐亚萍任主编，黎庆荣、张鹏飞任副主编，参与编写工作的还有广西交通技师学院的廖建勇、赖玉洪、覃卫国和广西交通职业技术学院的王钦教师。在编写过程中，我们借鉴了冯建平、郑小玲主编的《机械识图习题集及习题集解（第二版）》和侯涛主编的《机械识图》等文献资料，在此一并答谢。

限于编者经历和水平，教材内容难以覆盖全国各地交通技工院校及中等职业学校的实际情况，希望各学校在选用和推广本系列教材的同时，注重总结教学经验，及时提出修改意见和建议，以便再版修订时改正。

编　者

2023 年 7 月

目 录

机械识图习题集

单元一　图样的基本知识 …………………………………………………………………… 3
单元二　投影作图 …………………………………………………………………………… 15
单元三　机件形状的表达方法 ……………………………………………………………… 34
单元四　零件图 ……………………………………………………………………………… 51
单元五　标准件与常用件的画法 …………………………………………………………… 69
单元六　装配图 ……………………………………………………………………………… 81

机械识图习题集解

单元一　图样的基本知识 …………………………………………………………………… 105
单元二　投影作图 …………………………………………………………………………… 116
单元三　机件形状的表达方法 ……………………………………………………………… 129
单元四　零件图 ……………………………………………………………………………… 146
单元五　标准件与常用件的画法 …………………………………………………………… 157
单元六　装配图 ……………………………………………………………………………… 169

参考文献 ……………………………………………………………………………………… 177

机械识图习题集

单元一　图样的基本知识

1-1　简答题(一)

1. 什么是图纸?

2. 图样的作用是什么?

3. 按图的种类划分,机械工程常用的图样分为哪几种类型?

4. 机械工程图样由什么组成?

5. 图样中点、线、数字及文字的作用分别是什么?

1-2 简答题(二)

1. 图线是由什么线素组成？

2. 请举例并说明两种常用的基本线型及其用途。

3. 找出下列 a)、b) 图形中的图线错误画法，并在其右边画出正确的图线图形。

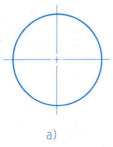
a)

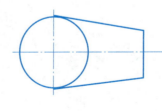
b)

1-3 图线练习、字体练习

1-3 图线练习、字体练习

字体端正笔划清楚排列整齐长仿宋体正确整洁合乎标准

ABCDEFGHIJKLMNOPQRSTUVWXYZ

abcdefghijklmnopqrstuvwxyz

1-4　尺寸注法练习（一）

1. 填写尺寸数值（从图中量取整数标注）。

(1)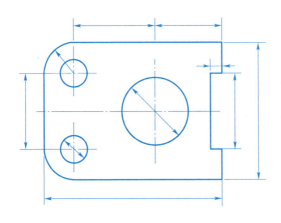

(2)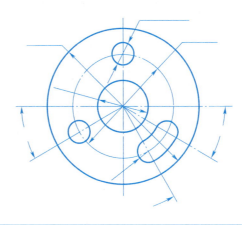

2. 标注圆的直径尺寸。

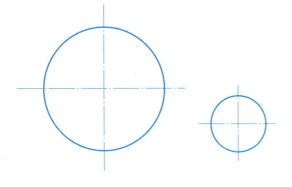

3. 标注圆弧的半径尺寸。

1-5 尺寸标注练习(二)

1. 找出图中尺寸标注的错误之处,在另一图中正确标注出。

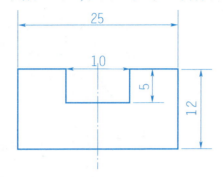
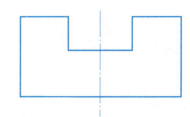

2. 标注尺寸,从图中量取整数标注。

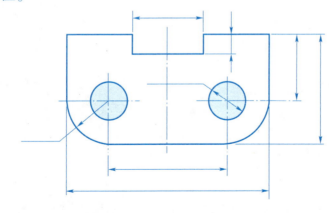

1-6 简答题

1. 在国家相关标准规定中,图纸幅面有几种?

2. 比例的定义是什么?常用的比例有哪些类型?

3. 请用 1∶1 和 1∶2 的比例,绘制下列图形。

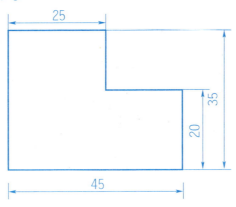

1-7 斜度和锥度练习

1. 参照所示图形,按所示数值完成图形,并标注尺寸和斜度代号。

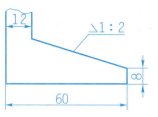

2. 参照所示图形,按所示的数值画全图形轮廓,并标注尺寸和锥度代号。

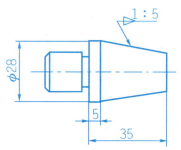

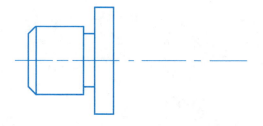

1-8 等分圆周、几何作图练习

1. 作图。

(1) 作圆的内接正六边形。　　(2) 作圆的内接正三、十二边形。　　(3) 作圆的内接正四、八边形。　　(4) 作圆的内接正五边形。

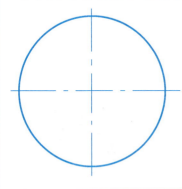 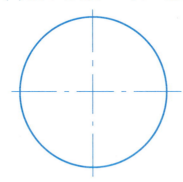 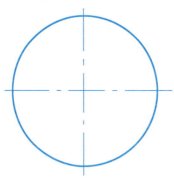 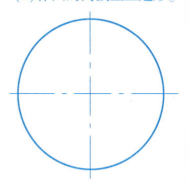

2. 按 1∶1 比例抄画下面图形，并标注尺寸。

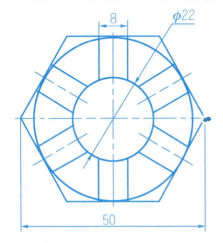

1-9　参考图例，按所给的 R 尺寸，完成圆弧连接

1. 两直线的圆弧连接。

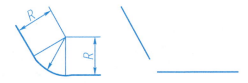

$R=15$

3. 直线与圆弧间的圆弧连接。

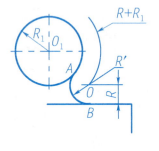

 $R=5$

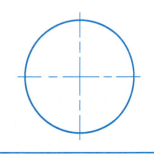

2. 两圆弧间内切与外切的圆弧连接。

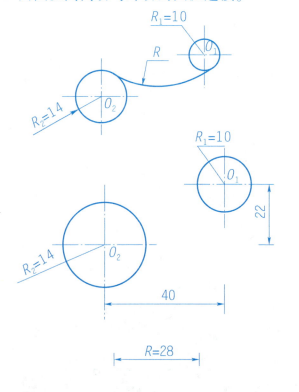

1-10 已知连接圆弧半径 R50 和 R28，完成下列图形的圆弧连接，并标出圆心和切点（保留作图线）

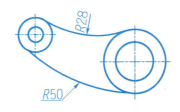

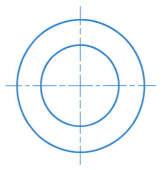

1-11 按 1∶1 比例绘制挂钩的平面图形，并标注尺寸（绘制在 A4 的图纸上）

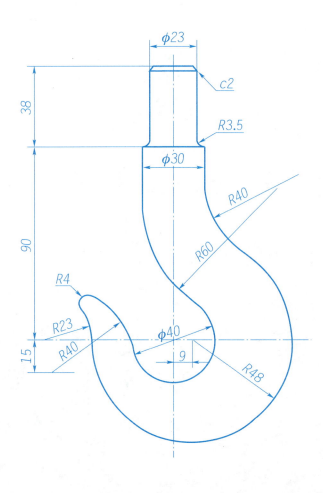

单元二 投影作图

2-1 综合题(一)

1. 投影法分为_____投影法和_____投影法两大类,我们绘图时使用的是_____投影法中的_____投影法。

2. 当投射线互相_____,并与投影面_____时,物体在投影面上的投影叫_____。按正投影原理画出的图形叫_____。

3. 一个投影_____确定物体的形状,通常在工程上多采用_____。

4. 当直线(或平面)平行于投影面时,其投影_____,这种性质叫_____;当直线(或平面)垂直于投影面时,其投影_____,这种性质叫_____;当直线(或平面)倾斜于投影面时,其投影_____,这种性质叫_____。

5. 三视图之间的投影规律是:主、俯视图_____;主、左视图_____;俯、左视图_____。

6. 直线(或平面)对于一个投影面的相对位置有_____、_____、_____三种。

7. 简述直线对于一个投影面的投影特性。

8. 简述平面对于一个投影面的投影特性。

2-1 综合题(一)

9. 简述三视图的形成过程。

10. 简述物体与三视图之间的关系。

11. 简述三视图之间的尺寸关系(投影规律)。

12. 简述三视图之间的位置关系。

13. 简述三视图之间的方位关系。

2-2 综合题(二)

1. 直线按其对投影面的相对位置不同,可分为_____、_____和_____三种。
2. 平面按其对投影面的相对位置不同,可分为_____、_____和_____三种。
3. 与一个投影面垂直的直线,一定与其他两个投影面_____,这样的直线称为投影面的_____线,具体又可分为_____、_____、_____。
4. 与一个投影面平行,而与其他两个投影面_____的直线,称为投影面的_____线,具体又可分为_____、_____、_____。
5. 与一个投影面垂直,而与其他两个投影面_____的平面,称为投影面的_____,具体又可分为_____、_____、_____。
6. 与一个投影面平行,一定与其他两个投影面_____,这样的平面称为投影面的_____面,具体又可分为_____、_____、_____。

7. 已知下图中斜面的尺寸,若要标出它的斜度,则 X 应写成_____,θ 为_____。

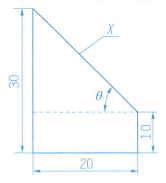

2-2 综合题(二)

8. 右图中的直线 AB 是_____线，BC 是_____线，CD 是_____线。

9. 如下图是关于 A、B、C、D、E、F 六点的三视图投影，则 AB 是_____线，BC _____线，CD 是_____线，CE 是_____线，CF 是_____线；面 ABC 是_____面，面 BCDE 是_____面，面 ADE 是_____面。

10. 简述点的投影规律。

2-2 综合题（二）

11. 简述一般位置直线的投影特性。

12. 简述投影面的平行线的投影特性。

13. 简述投影面的垂直线的投影特性。

14. 简述一般位置平面的投影特性。

15. 简述投影面的平行面的投影特性。

16. 简述投影面的垂直面的投影特性。

2-2 综合题(二)

17. 在下列四种说法中,叙述正确的是( )。

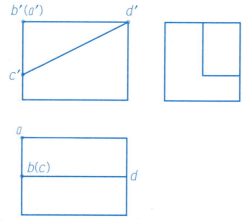

A. AB 是正垂线,BC 是铅垂线,CD 是正平线

B. AB 是侧平线,BC 是正平线,CD 是一般位置直线

C. AB 是侧平线,BC 是正平线,CD 是正平线

D. AB 是正垂线,BC 是铅垂线,CD 是一般位置直线

18. 在下列四种说法中,叙述正确的是( )。

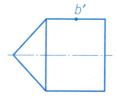

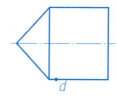

A. A 上 B 下,C 右 D 左

B. A 左 B 右,C 前 D 后

C. A 左 B 上,C 右 D 前

D. A 后 B 前,C 上 D 下

2-2 综合题(二)

19. 在下列四种说法中,叙述正确的是( )。

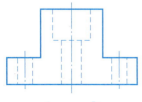 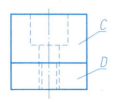

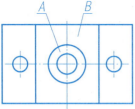

A. A 上 B 下,C 左 D 右
B. A 上 B 下,C 右 D 左
C. A 下 B 上,C 左 D 右
D. A 下 B 上,C 右 D 左

20. 在下列四种说法中,叙述正确的是( )。

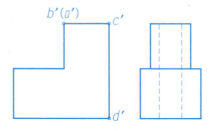

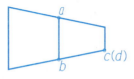

A. AB 是侧平线,BC 是水平线,CD 是正平线
B. AB 是水平线,BC 是一般位置直线,CD 是侧平线
C. AB 是正垂线,BC 是一般位置直线,CD 是铅垂线
D. AB 是正垂线,BC 是水平线,CD 是铅垂线

2-2 综合题(二)

21. 在下列四种说法中，叙述正确的是(　　)。

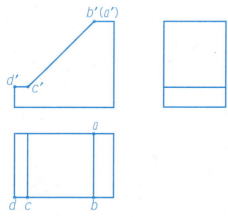

A. AB 是水平线，BC 是一般位置直线，CD 是正平线

B. AB 是正垂线，BC 是正平线，CD 是侧垂线

C. AB 是侧平线，BC 是一般位置直线，CD 是水平线

D. AB 是正平线，BC 是侧平线，CD 是铅垂线

22. 在下列四种说法中，叙述正确的是(　　)。

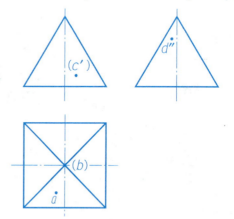

A. A 上 B 下，C 前 D 后

B. A 下 B 上，C 左 D 右

C. A 前 C 后，B 上 D 下

D. A 前 B 下，C 右 D 左

2-2 综合题(二)

23. 在下列四种说法中,叙述正确的是(　　)。

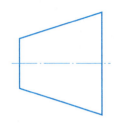 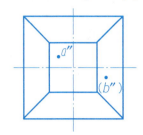

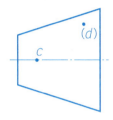

A. A 上 B 下,C 右 D 左
B. A 左 B 右,C 上 D 下
C. A 前 B 后,C 左 D 右
D. A 左 B 右,C 后 D 前

24. 在下列四种说法中,叙述正确的是(　　)。

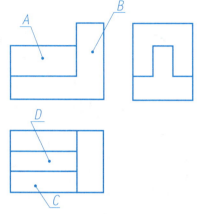

A. A 上 B 下,C 前 D 后
B. A 前 B 后,C 上 D 下
C. A 后 B 前,C 下 D 上
D. A 左 B 右,C 上 D 下

2-2 综合题(二)

25. 在下列四种说法中,叙述正确的是(　　)。

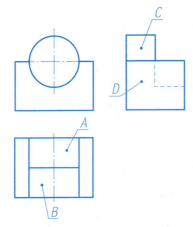

A. A上B下,C右D左
B. A上B下,C左D右
C. A下B上,C左D右
D. A下B上,C右D左

26. 已知点 A 距 H 面为12,距 V 面为15,距 W 面为10,点 B 在点 A 的左方5,后方10,上方8,试作 A、B 两点的三面投影。

2-2 综合题(二)

27. 在平面 ABC 内作一点,使其到 H 面的距离为 15,到 V 面的距离为 12。

28. 已知平面的两面投影,完成其第三面投影。

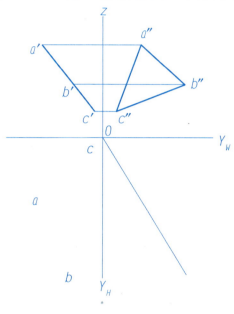

2-2 综合题(二)

29. 在△ABC平面上作一距V面15的正平线,并过顶点A作一水平线。

30. 已知直线AB的两面投影。(1)完成其第三面投影;(2)设直线AB上一点C距H面25,完成点C的三面投影。

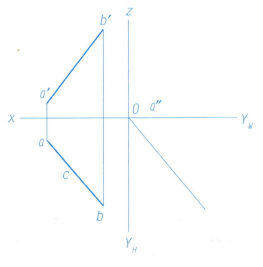

26

2-3　综合题(三)

1. 立体分为_____和_____两种，所有表面均为平面的立体称为_____，包含有曲面的立体称为_____。
2. 常见的平面立体有_____、_____等。常见的回转体有_____、_____、_____、_____等。
3. 立体被平面截割所产生的表面交线称为_____。两立体相交所产生的表面交线称为_____。立体表面交线的基本性质是_____和_____。
4. 平面立体的截交线为封闭的_____，其形状取决于截平面所截到的棱边个数和交到平面的情况。
5. 曲面立体的截交线通常为_____或_____，求作相贯线的基本思路为_____。
6. 圆柱被平面截割后产生的截交线形状有_____、_____、_____三种。
7. 圆锥被平面截割后产生的截交线形状有_____、_____、_____、_____、_____五种。
8. 当平面平行于圆柱轴线截割时，截交线的形状是_____；当平面垂直于圆柱轴线截割时，截交线的形状是_____；当平面倾斜于圆柱轴线截切时，截交线的形状是_____。

9. 选择正确的左视图。(　　)

10. 选择正确的左视图。(　　)

2-3 综合题(三)

11. 选择正确的左视图。( )

  a) b) c) d)

12. 选择正确的左视图。( )

 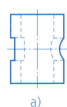 a) 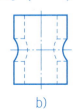 b)  c)  d)

13. 选择正确的左视图。( )

  a) b) c) d)

14. 选择正确的左视图。( )

  a)  b) c) d)

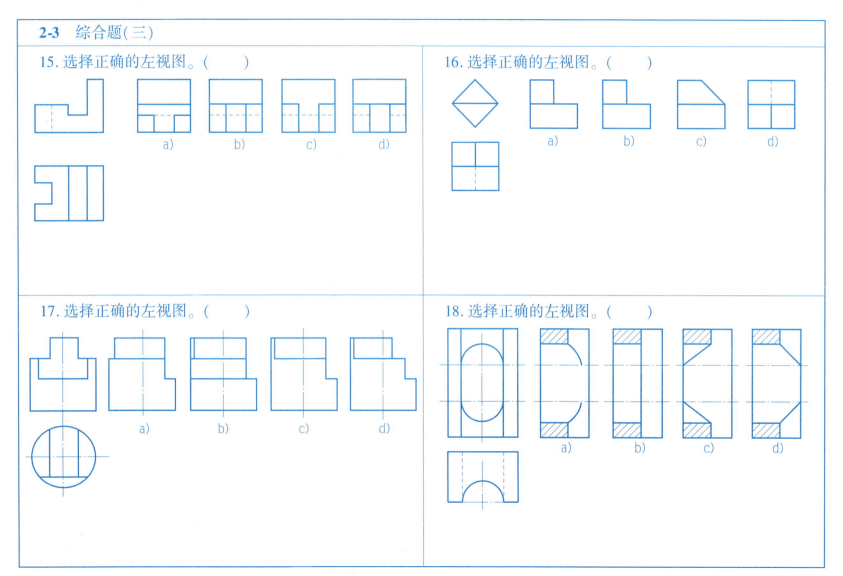

2-3 综合题(三)

19. 补齐截断体的三面投影。

 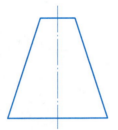

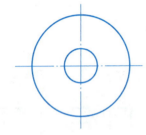

20. 已知两视图, 求作第三视图。

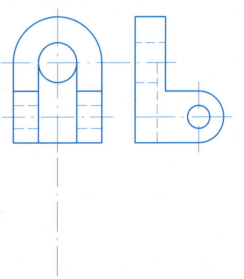

2-4 综合题(四)

1. 组合体的组合类型有_____、_____、_____三种。

2. 形体表面间的相对位置有_____、_____、_____三种。

3. 组合体形体分析的内容有分析_____、_____、_____、_____。

4. 看组合体三视图的方法有_____和_____。

5. 平面立体一般要标注_____三个方向的尺寸,回转体一般只标注_____和_____的尺寸。切割体应标注_____和_____,而相贯体则应_____和_____。截交线和相贯线处_____尺寸。组合体的视图上,一般应标注出_____、_____和_____三种尺寸,标注尺寸的起点称为尺寸的_____。

6. 根据给出的视图,补画第三视图(或视图所缺的图线)。

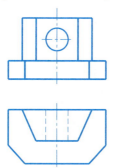

7. 根据给出的视图,补画第三视图或视图中所缺的图线。

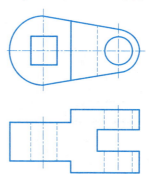

2-4 综合题(四)

8. 补画组合体视图中缺漏的图线。

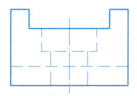

9. 补画左视图。

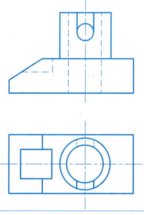

10. 根据给出的视图,补画第三视图或视图所缺的图线。

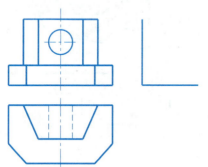

11. 根据两视图补画第三视图。

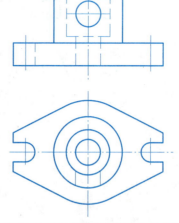

2-4 综合题(四)

12. 根据主俯视图,补画左视图。

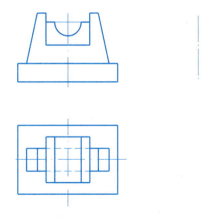

单元三　机件形状的表达方法

3-1　简答题

1. 表达机件时,是否必须用到六个基本视图?

2. 图样中,机件的可见轮廓线与非可见轮廓线应该用什么方式绘制出?

3. 标注尺寸的要素是什么?

3-2　选择题

1. 基本视图中除了后视图外,各视图远离主视图的一边均表示机件的(　　)部。
   A. 前　　　　　　　B. 后　　　　　　　C. 左　　　　　　　D. 右

2. 当单一剖切平面通过机件的对称面或基本对称的平面,剖视图按投影关系配置,中间又没有其他图形隔开时,可省略(　　)。
   A. 标注　　　　　　B. 剖面线　　　　　C. 可见轮廓线　　　D. 以上说法都不正确

3. 斜视图仅表达倾斜表面的真实形状,其他部分用(　　)断开。
   A. 细实线　　　　　B. 粗实线　　　　　C. 波浪线　　　　　D. 点画线

4. 将机件的某一部分向基本投影面投射所得的视图称为(　　)。
   A. 局部视图　　　　B. 向视图　　　　　C. 斜视图　　　　　D. 剖视

5. 移出断面图的轮廓线采用(　　)绘制。
   A. 虚线　　　　　　B. 点画线　　　　　C. 粗实线　　　　　D. 细实线

6. 重合断面图的轮廓线采用(　　)绘制。
   A. 虚线　　　　　　B. 点画线　　　　　C. 虚实线　　　　　D. 细实线

7. 工程常用的投影法分为两类:中心投影法和(　　)。
   A. 平行投影法　　　B. 斜投影法　　　　C. 正投影法　　　　D. 点投影法

8. 标题栏一般应位于图纸的(　　)方位。
   A. 正上方　　　　　B. 右上方　　　　　C. 左下方　　　　　D. 右下方

9. 图样中,机件的可见轮廓线用(　　)画出。
   A. 粗实线　　　　　B. 虚线　　　　　　C. 细实线　　　　　D. 细点划线

10. 尺寸标注中的符号 R 表示(　　)。
    A. 长度　　　　　　B. 直径　　　　　　C. 半径　　　　　　D. 弧长

3-3 填空题

1. 机件的视图表示法通常包括_____、_____、_____、_____。

2. 剖视图的种类有_____、_____、_____。

3. 断面图有_____、_____和_____断面图三种类型。

4. 局部放大图的放大比例指的是_____之比。

5. 视图的步骤及规律(1)确定主视图的位置,画出主视图。(2)在主视图_____画出俯视图,注意"俯视图的长与主视图的_____"。(3)在主视图_____画出左视图,注意"左视图的高与主视图的_____";"左视图的宽与俯视图的_____"。以上规律可简述为:_____,_____,_____。(4)画三视图时看得见部分的轮廓线通常画成_____,看不见部分的轮廓线通常画成_____。

3-4 判断题

1. 视图包括基本视图、局部视图、斜视图和向视图共四种。   （   ）

2. 视图上标有"A"字样的是向视图。   （   ）

3. 视图上标有"A 向旋转"字样的是斜视图。   （   ）

4. 局部视图的断裂边界一般以波浪线表示。   （   ）

5. 机件向基本投影面投影所得的图形称为基本视图,共有六个基本视图。   （   ）

6. 六个基本视图中,最常应用的是右视图、仰视图和后视图。   （   ）

7. 金属材料的剖面符号是与水平呈 45°的互相平行间隔均匀的粗实线。   （   ）

8. 半剖视图的分界线是粗实线。   （   ）

9. 局部剖视图的波浪线可用轮廓线代替。   （   ）

10. 假想用剖切平面将机件的某处切断,仅画出断面的图形,称为剖视图。   （   ）

3-5 画图题

1. 参照工件立体图,将其画成全剖视图。

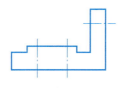

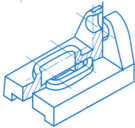

2. 根据主视图,辨认向视图,并对其进行标注。

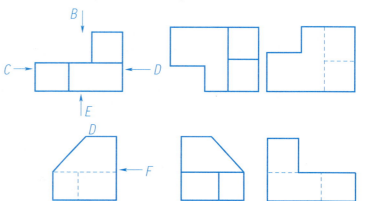

3-5 画图题

3. 根据要求，在指定位置作移出断面图。

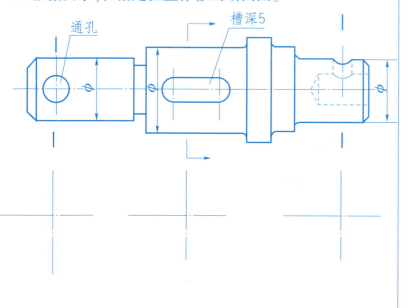

4. 根据要求，将主视图画成半剖图。

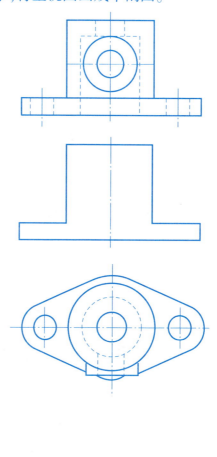

3-5 画图题

5. 根据要求，用旋转剖方法补画出全剖视图。

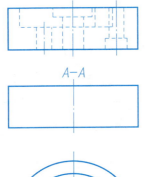

A—A

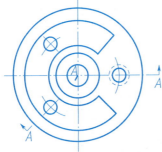

6. 根据立体图补画出斜视图与局部视图。

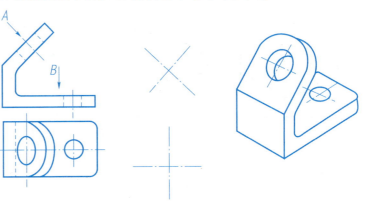

3-5 画图题

7. 根据主、俯、仰视图要求，补画右、后、仰三视图。

8. 根据主视图，辨认向视图并对其进行标注。

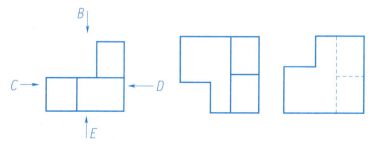

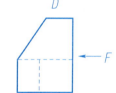

3-5 画图题

9. 根据主、俯、左的三视图，按照箭头所指补画向视图并对其进行标注。

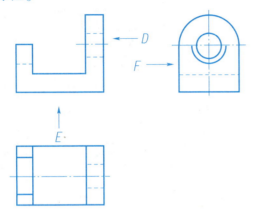

10. 根据立体图与主视图，按箭头所指画局部视图和斜视图。

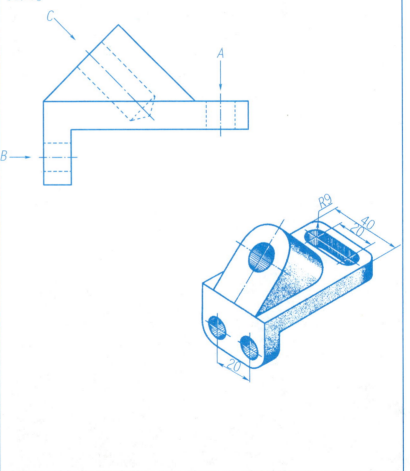

3-5 画图题

11. 补画剖视图中所缺的线。

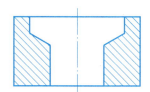

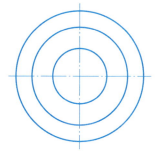

12. 补画剖视图中所缺的线。

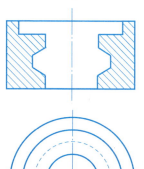

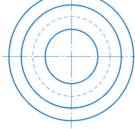

3-5 画图题

13. 补画剖视图中所缺的线。

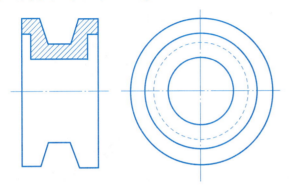

14. 补画剖视图中所缺的线。

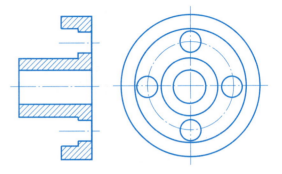

3-5 画图题

15. 根据立体图,将主视图画成全剖视图。

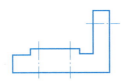

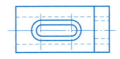 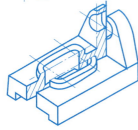

16. 将主视图画成全剖视图。

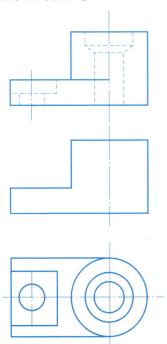

3-5 画图题

17. 将主视图画成全剖视图。

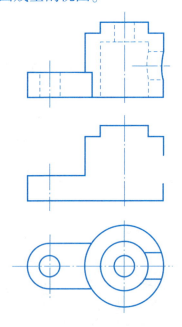

18. 将主视图画成阶梯剖视图。

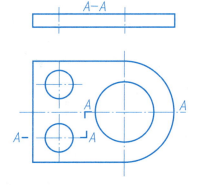

3-5 画图题

19. 将主视图画成阶梯剖视图。

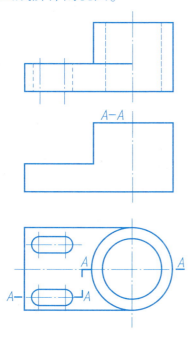

20. 用旋转剖方法画出全剖视图。

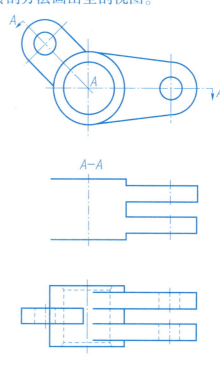

3-5 画图题

21. 用旋转剖方法画出全剖视图。

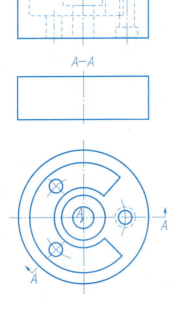

22. 将图画成局部剖视图。

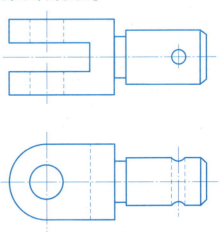

3-5 画图题

23. 将图画成局部剖视图。

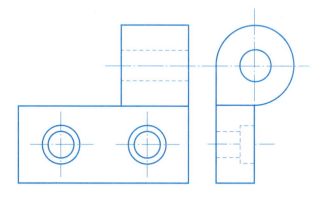

24. 根据立体图及其剖切位置画重合断面图。

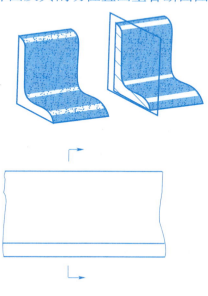

3-5 画图题

25. 根据立体图及其剖切位置画重合断面图。

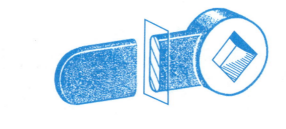

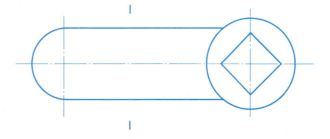

单元四 零 件 图

4-1 简答题

1. 一张完整的零件图包括哪些内容？

2. 画零件图主视图时主要考虑哪些位置？

3. 零件图图样上标注的技术要求常包括哪些内容？

4-2 表面粗糙度标注

1.

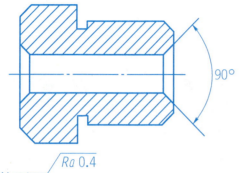

(1) 内圆柱面 ∇^(Ra 0.4)

(2) 左端面 ∇^(Ra 0.8)

(3) 右端面 ∇^(Ra 6.3)

(4) 孔口倒角处 ∇^(Ra 0.8)

2.

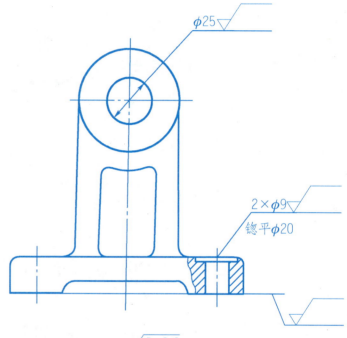

(1) φ25 圆柱面为 ∇^(Ra 3.2)

(2) 底平面为 ∇^(Ra 12.5)

(3) $\dfrac{2×φ9}{锪平 φ20}$ 为 ∇^(Ra 25)

4-3 简答题

1. 基本尺寸相同的孔和轴的配合类型有哪些？

2. 解释下列尺寸：

(1) φ28H8

(2) φ68f6

(3) φ68H8/f6

(4) φ68(±0.01)

4-4 形位公差的识读

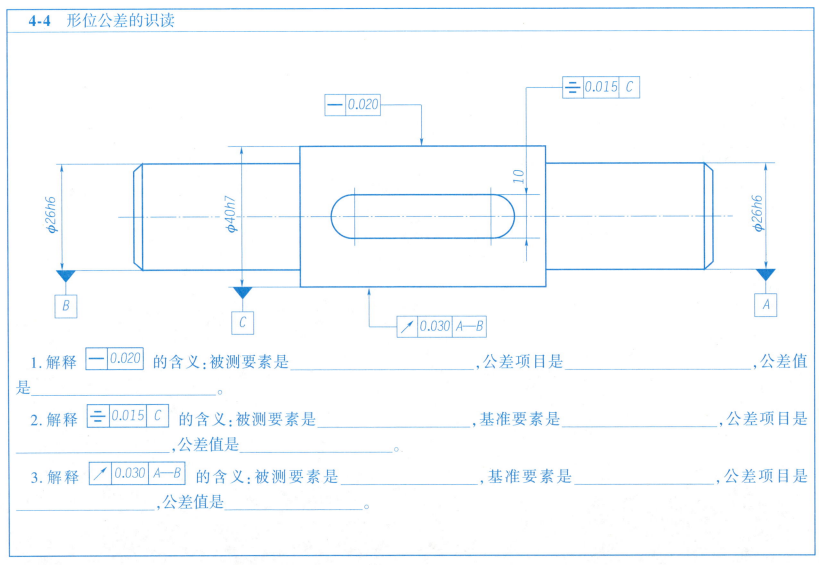

1. 解释 ⏤ 0.020 的含义：被测要素是_____，公差项目是_____，公差值是_____。

2. 解释 ⹀ 0.015 C 的含义：被测要素是_____，基准要素是_____，公差项目是_____，公差值是_____。

3. 解释 ⌁ 0.030 A—B 的含义：被测要素是_____，基准要素是_____，公差项目是_____，公差值是_____。

54

4-5 读零件图做练习(一)

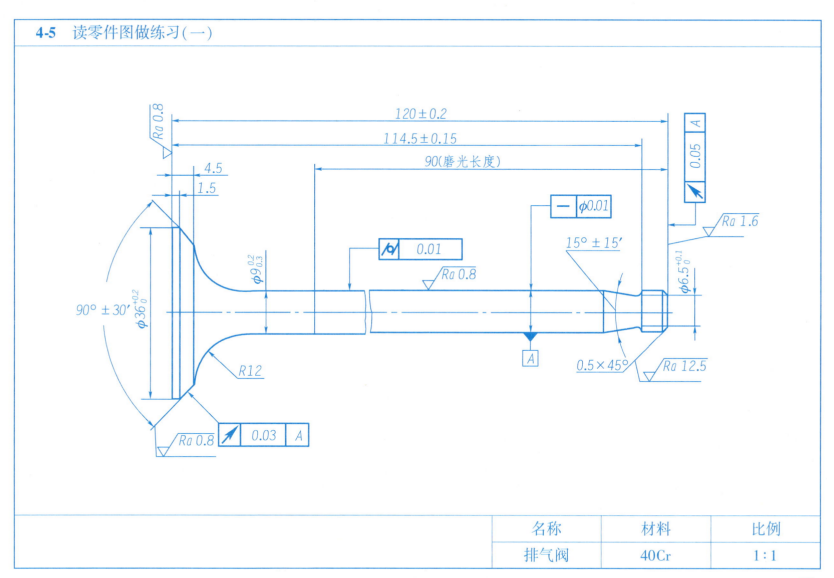

名称	材料	比例
排气阀	40Cr	1:1

4-5　读零件图做练习(二)

1. 零件采用几个视图表达,视图的名称是什么?

2. 图中为什么采用折断画法?

3. 长度方向的尺寸基准是什么?是根据什么决定的?

4. 解释尺寸$\phi 9_{-0.3}^{-0.2}$的含义,排气阀杆直径必须保持在哪个范围算合格?

5. 解释下列形位公差意义:

| ↗ | 0.03 | A |

| — | ϕ0.01 |

| ↗ | 0.05 | A |

| ⌀ | 0.01 |

4-6 读零件图做练习(一)

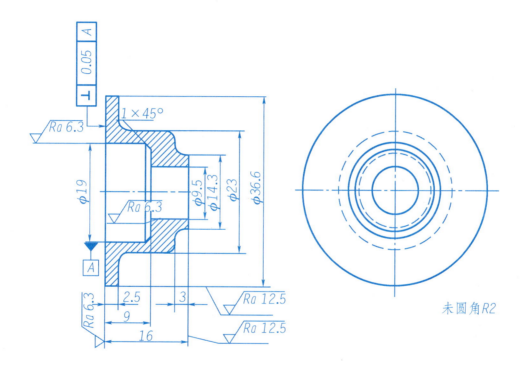

名称	材料	比例
气阀弹簧座	T12	1:5

4-6　读零件图做练习(二)

气阀弹簧座读图要求：

1. 零件有_____个视图表达,其中主视图采用_____视图画出。

2. 左右方向的尺寸基准是左端面；上下和前后方向的尺寸基准是_____孔的轴线。

3. 解释 $\boxed{\perp\ |\ 0.05\ |\ A}$ 代号的含义：气阀弹簧左端面对_____孔轴线的垂直度公差为0.05。

4. 左右两端面表面粗糙度有何要求？哪个端面比较重要？

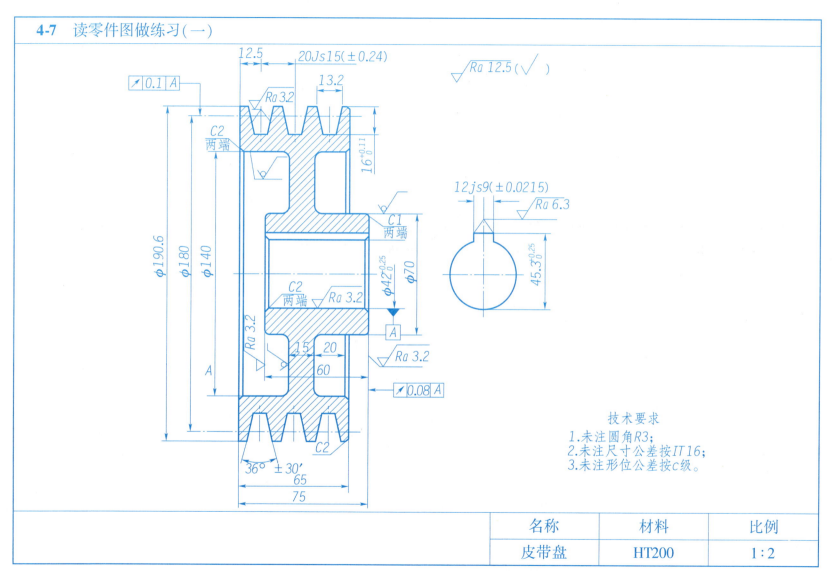

4-7　读零件图做练习(二)

读图要求：

1. 这个零件的材料是_____，比例为_____，即零件实际尺寸比图形大_____倍。

2. 零件具有三角皮带槽，其总体尺寸：总长尺寸_____，总高尺寸_____，总宽尺寸_____。

3. 查表得孔 φ42H7 上偏差_____，下偏差_____，所以其最小极限尺寸为_____，最大极限尺寸为_____，基本尺寸为_____。

4. ⌁ | 0.08 | A　表示：被测要素是零件的_____，基准要素是_____。

5. 零件的表面粗糙度为_____种，其中最粗糙的 Ra = _____ μm。

4-8 读零件图做练习(一)

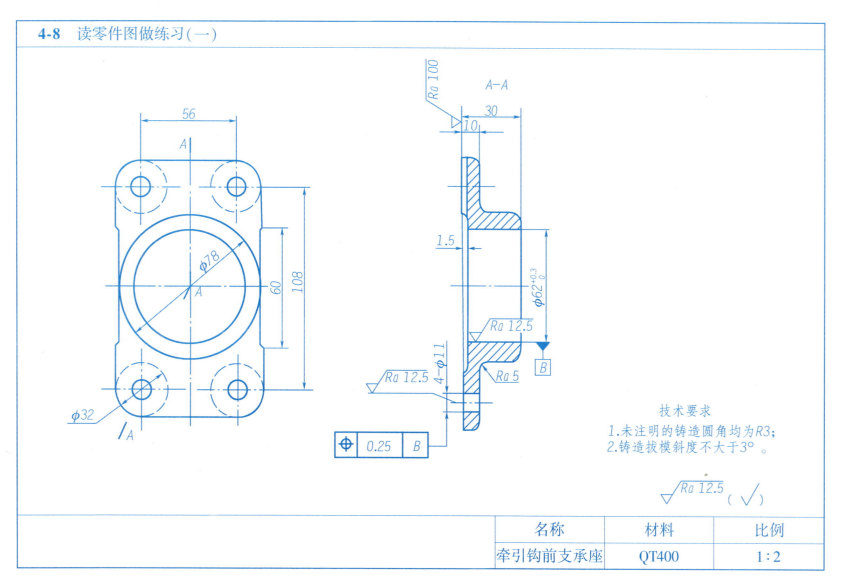

4-8 读零件图做练习(二)

1. 零件名称叫_____,材料为_____,作图比例为_____。

2. 零件左视图采用的是_____的剖视图。

3. 零件长度方向的尺寸基准是通过_____轴线,并是长度尺寸_____的对称平面;宽度方向尺寸基准是通过_____轴线并是高度尺寸_____的对称平面。

4. φ11 四孔的定位尺寸有_____和_____,定形尺寸为_____mm。

5. 孔 $\phi 62^{+0.30}_{0}$ 的最大极限尺寸是_____mm,最小极限尺寸为_____mm,公差为_____mm,其表面粗糙度的 Ra 值为_____μm。

6. ⌖ | 0.25 | B 表示:基准要素是_____mm 轴线,被测要素是_____轴线,其位置度公差为_____mm。

4-9 读零件图做练习（一）

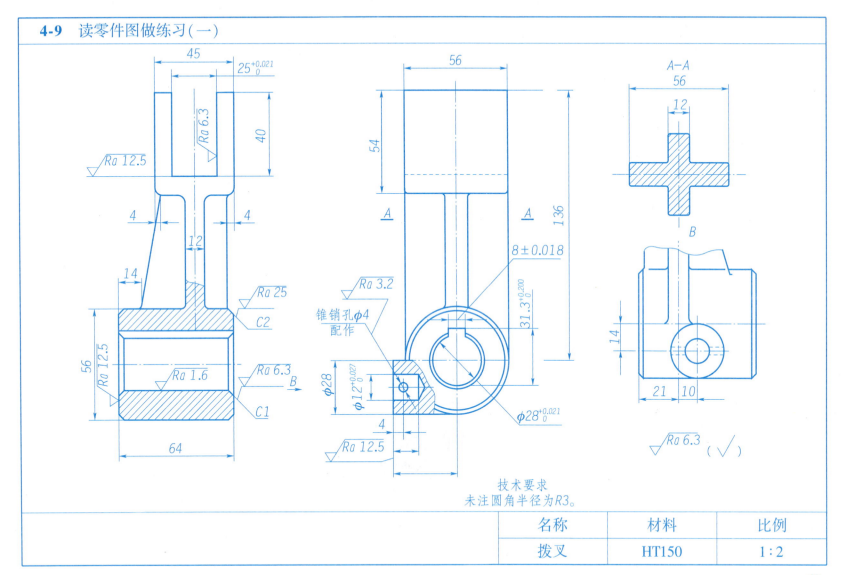

技术要求
未注圆角半径为R3。

名称	材料	比例
拨叉	HT150	1:2

4-9 读零件图做练习(二)

1. 该零件的名称为_____,材料为_____,基本形体是属于_____类零件。该零件图采用的作图比例为_____。
   (其含义是_____)。

2. 该零件的结构形状共用_____个图形表达,其中_____、_____视图采用_____剖视,另外还用了剖面_____和一个_____视图。

3. 该零件上键槽的长度为_____,宽度为_____,深度为_____。

4. $25_0^{+0.021}$ 表示其基本尺寸为_____,上偏差为_____,下偏差为_____,最大极限尺寸为_____,最小极限尺寸为_____,公差为_____。

拨叉立体图

4-10 读零件图做练习(一)

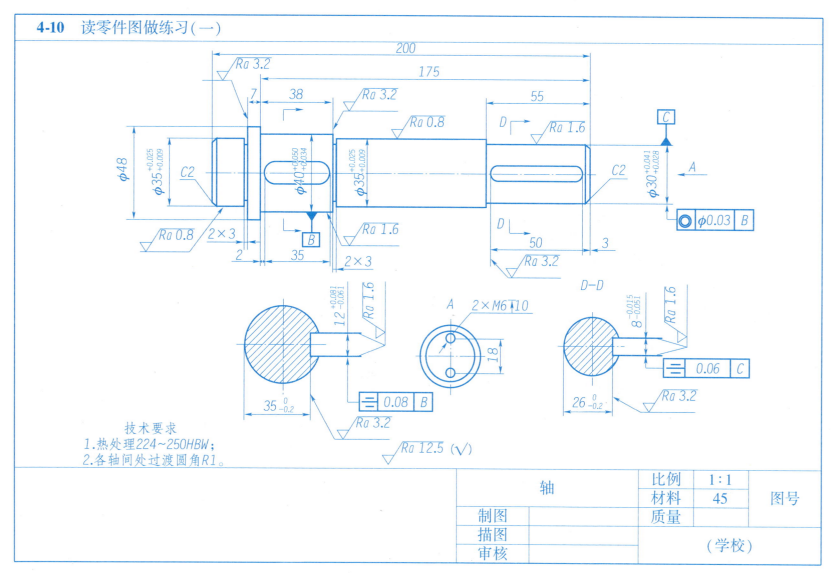

4-10　读零件图做练习(二)

1. 该零件名称为_____,材料为_____。

2. 该零件用_____个视图表达,各视图名称是_____。

3. 轴上长度方向主要尺寸基是_____,径向方向的尺寸基准是_____。轴上两个键槽的宽度分别为_____和_____,表示深度的尺寸分别为_____和_____,长度方向的定位尺寸为_____和_____。轴两端注出的 C2 表示_____结构,其宽度为_____,角度为_____。右端有 2 个螺纹孔,其尺寸是_____。

4. 尺寸 $\phi 35^{+0.025}_{+0.009}$ 的上极限尺寸为_____,下极限尺寸为_____,公差为_____,如果一个加工完的零件的实际尺寸是 $\phi 35$,问该零件是否合格_____(选合格或不合格)。

5. 在轴的加工表面中,要求最光洁的表面其表面粗糙度代号为_____,没有标注表面粗糙度符号的表面其表面粗糙度代号为_____。

6. 解释框格 ◎ $\phi 0.03$ B 的含义:其中被测要素是_____,基准要_____,公差项目是_____,公差值是_____。

4-11 读零件图做练习(一)

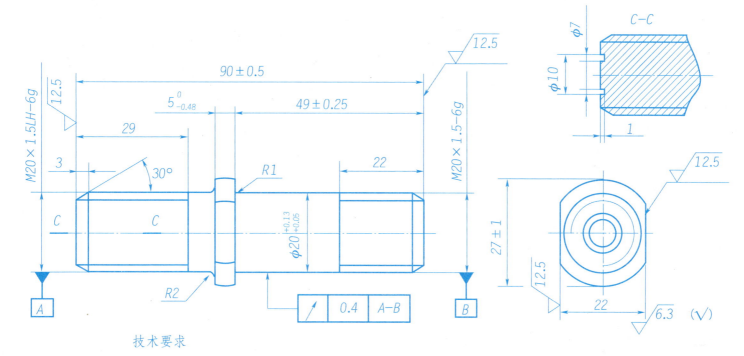

技术要求

1.螺纹表面不允许有裂缝，叠缝及其他缺陷；
2.螺纹表面无毛刺，二级镀锌；
3.硬度为255~285HBW。

轮胎螺栓	材料	35
	比例	1:1
制图人		单位名称
审核人		

4-11 读零件图做练习(二)

1. 该零件名称是_____,材料_____,绘图比例_____。

2. 该零件采用3个图形表达,分别是_____图、_____图和_____图。

3. 零件的轴向主要基准是_____端面,径向的尺寸基准是_____。

4. 零件有_____处螺纹,代号分别是_____和_____,表示_____。

5. C-C断面图表达_____的结构。

6. 螺纹的表面粗糙度是_____。

7. 轴段尺寸 $\phi 20^{+0.13}_{+0.05}$ 中,最大尺寸是_____,最小尺寸是_____,尺寸公差是_____。

8. 图中几何公差框格 ⌒ 0.4 A-B 的含义:被测要素为_____,基准要素是_____的轴线,检测项目是_____,公差值是_____。

单元五　标准件与常用件的画法

5-1　简答题（一）

1. 标准件和常用件的定义是什么？

2. 螺纹的分类有哪些？

3. 在机械设备中键的作用是什么？

4. 花键分为哪几类？定义分别是什么？

5-2　简答题(二)

1. 齿轮的定义是什么？

2. 圆柱螺旋弹簧，按所受载荷特性不同分为哪几类？

3. 写出下列圆柱齿轮的名称。

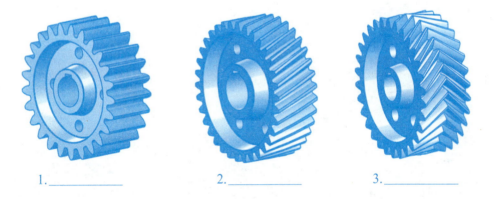

1.＿＿＿＿＿＿　　2.＿＿＿＿＿＿　　3.＿＿＿＿＿＿

5-3 简答题(三)

1. 确定螺纹几何尺寸的要素有哪些？

2. 已知圆柱螺旋压缩弹簧的中径 $D_2 = 38$，簧丝直径 $d = 6$ 节距 $t = 11.8$，有效圈数 $n = 7.5$，支承圈数 $n_0 = 2.5$，右旋，计算弹簧的外径和自由高度。

3. 解释滚动轴承代号 6214 中各数字表示的意义。

5-4 按要求作图

1. 画出下列六角头螺栓的简化画法。

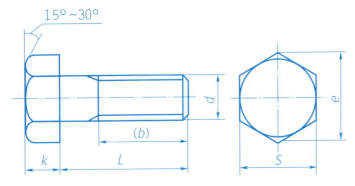

2. 画出下列六角螺母的简化画法。

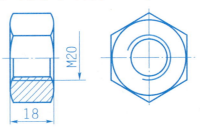

5-5 简答下列问题

1. 紧定螺钉锥端、柱端、平端的作用分别是什么？

2. 滚动轴承分为哪几类？

3. 圆柱销、圆锥销、开口销在机器中的作用是什么？

5-6 螺纹画法及改错

1. 检查螺纹画法的错误，在其下方画出正确的图。

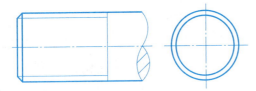

2. 找出螺孔画法中的错误，在其下方画出正确的图。

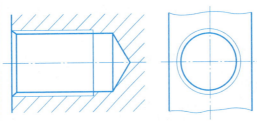

3. 检查螺纹连接画法的错误，在其下方画出正确的图。

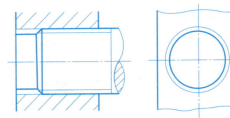

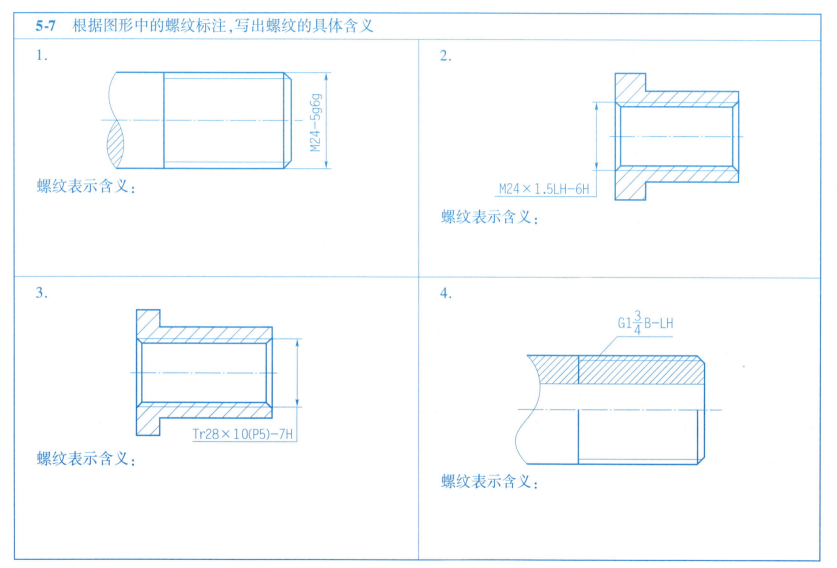

5-8 对照国家标准表,写出以下连接件的名称及规定标记

1.
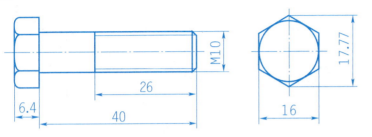
名称及规定标记:

2.
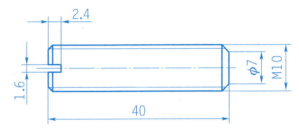
名称及规定标记:

3.
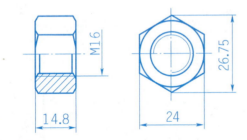
名称及规定标记:

4.
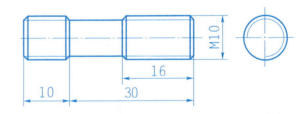
名称及规定标记:

5-9 画出键槽及键连接图

1. 画出 A-A 剖视图，并标出键槽尺寸。

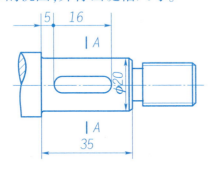

3. 用普通平键将左边 1、2 的两个零件连接起来，补画出键连接装配图的 A-A 剖视图，并给出键的规定标记。

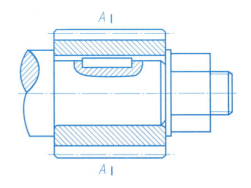

2. 画出键槽左视图，并标注键槽的尺寸（与上图的轴相配合）。

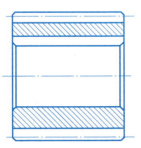

键的规定标记：

5-10 指出下列销及销连接名称

1.

名称：

2.

名称：

3.

名称：

4.

名称：

5.

名称：

6.

名称：

78

5-11 识图并补充完整

1. 已知直齿圆柱齿轮模数 $m=4$、齿数 $z=20$，试计算其分度圆、齿顶圆和齿根圆直径，完成齿轮的两视图（选择合适比例）。

2. 写出下图零件名称，并画出简化视图。

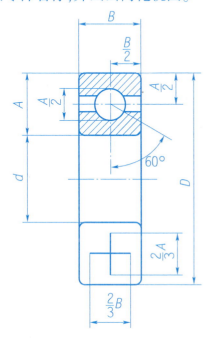

名称：

5-12　识图并补充完整

1. 指出圆柱齿轮的齿顶圆、齿根圆和分度圆。

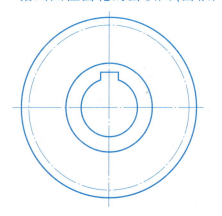 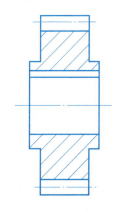

2. 根据已给的弹簧作图，按右旋旋向（或实际旋向）作相应圆的公切线，画成剖视图。

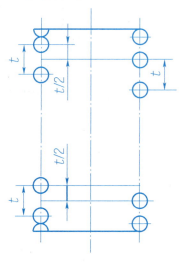

80

单元六 装 配 图

6-1 填空题

1. 装配图是表示机器或部件的结构形状、装配关系、工作原理和技术要求的图样。包含 ＿＿＿＿＿＿＿＿、＿＿＿＿＿＿＿＿、＿＿＿＿＿＿＿＿、＿＿＿＿＿＿＿＿、标题栏等内容。

2. 装配图反映机器中零件之间的关系、位置、＿＿＿＿＿＿＿＿、＿＿＿＿＿＿＿＿等，反映出设计者的设计思想。装配图是绘制零件图、零件装配成部件的依据。一般说，先有＿＿＿＿＿＿＿＿图，再有＿＿＿＿＿＿＿＿图。

3. 装配图特殊表达方法有：＿＿＿＿＿＿＿＿、＿＿＿＿＿＿＿＿、＿＿＿＿＿＿＿＿、＿＿＿＿＿＿＿＿、＿＿＿＿＿＿＿＿以及单独表示零件的方法等。

4. 装配图上应标注与装配体有关的＿＿＿＿＿＿＿＿、＿＿＿＿＿＿＿＿、＿＿＿＿＿＿＿＿等尺寸，不必注出全部尺寸。

5. 装配图上技术要求的内容，主要包括＿＿＿＿＿＿＿＿、＿＿＿＿＿＿＿＿检验、调试中的特殊要求以及安装、使用中的＿＿＿＿＿＿＿＿等。应根据装配体的结构特点和使用性能恰当填写。技术要求一般写在装配图的＿＿＿＿＿＿＿＿。

6. 为了便于读图和图样管理，必须对装配体中每种零部件＿＿＿＿＿＿＿＿，并在标题栏上方编写相应的明细栏。

7. 零件明细栏包括＿＿＿＿＿＿＿＿、＿＿＿＿＿＿＿＿、＿＿＿＿＿＿＿＿、＿＿＿＿＿＿＿＿备注等内容。

8. 分析零件时，应从主要视图中的＿＿＿＿＿＿＿＿开始分析，可按"＿＿＿＿＿＿＿＿、＿＿＿＿＿＿＿＿"的顺序进行。

9. 根据孔和轴之间的配合松紧程度，配合可以分为三类：＿＿＿＿＿＿＿＿、＿＿＿＿＿＿＿＿和＿＿＿＿＿＿＿＿。

6-1 填空题

10. 孔与轴的配合为 φ50H8/p6，这是基_____制_____配合。

11. 表面粗糙度是评定零件_____的一项技术指标，常用参数是_____。其值越小，表面越_____；其值越大，表面越_____。

12. 形状与位置的公差简称_____。

13. 为了增加工件强度，在阶梯轴的轴肩处加工成圆角过渡的形式，称为_____。

14. 两零件邻接时，不同零件的剖面线方向应_____，或者方向一致、间隔不等；同一零件在各个视图上的剖面线方向和间隔必须_____。

15. 在装配图中为了表示某些零件的运动范围和极限位置时，可用_____画出该零件的极限位置图。

6-2 单选题

1. 表示机器或部件的结构形状、装配关系、工作原理和技术要求的图样称为(　　)。
   A. 零件图　　　　　　B. 装配图　　　　　　C. 轴侧图　　　　　　D. 三视图

2. (　　)只能反映单个零件的结构和技术要求,不能反映它在机器之中的位置、作用。
   A. 零件图　　　　　　B. 装配图　　　　　　C. 轴侧图　　　　　　D. 三视图

3. 装配图是绘制零件图、零件装配成部件的依据。一般说,先有(　　),再有(　　)。
   A. 零件图/装配图　　　B. 装配图/零件图

4. 一张完整的装配图包括必要的尺寸、技术要求和(　　)。
   A. 标题栏　　　　　　B. 零件序号　　　　　C. 明细栏　　　　　　D. 标题栏、零件序号和明细栏

5. 两零件邻接时,不同零件的剖面线方向应(　　),或者方向一致、间隔不等;同一零件在各个视图上的剖面线方向和间隔必须(　　)。
   A. 一致/一致　　　　　B. 相反/一致　　　　　C. 相反/相反

6. 表示机器、部件规格或性能的尺寸是(　　)。
   A. 规格(性能)尺寸　　 B. 装配尺寸　　　　　C. 安装尺寸　　　　　D. 外形尺寸

7. 表示零件之间装配关系的尺寸是(　　)。
   A. 规格(性能)尺寸　　 B. 装配尺寸　　　　　C. 安装尺寸　　　　　D. 外形尺寸

8. 表示将部件安装到机器上或将整个机器安装到基座上所需的尺寸是(　　)。
   A. 规格(性能)尺寸　　 B. 装配尺寸　　　　　C. 安装尺寸　　　　　D. 外形尺寸

9. 两个零件在同一方向上只能有(　　)个接触面和配合面。
   A. 二　　　　　　　　B. 一　　　　　　　　C. 三　　　　　　　　D. 四

6-2 单选题

10. 在画装配图中的某一视图时,当有一个或几个零件遮住了需要表达的结构或装配关系时,可以假想拆去一个或几个零件后,再画出某一视图,这种画法称为( )。
　　A. 假想画法　　　　B. 展开画法　　　　C. 拆卸画法　　　　D. 简化画法

11. 装配图中若干相同的零件组,如螺栓、螺钉等允许只画出一组,其余用细点画线表示中心位置即可,这种画法称为( )。
　　A. 假想画法　　　　B. 展开画法　　　　C. 拆卸画法　　　　D. 简化画法

12. 装配图中明细栏画在装配图右下角标题栏的( )。
　　A. 右方　　　　　　B. 左方　　　　　　C. 上方　　　　　　D. 下方

13. 装配图中指引线指向所指部分的末端通常画( )。
　　A. 圆点或箭头　　　B. 直线　　　　　　C. 斜线　　　　　　D. 圆圈

14. 在装配图中,每种零件或部件只编( )个序号。
　　A. 一　　　　　　　B. 二　　　　　　　C. 三　　　　　　　D. 四

15. 在装配图中,为了表示与本部件的装配关系,但又不属于本部件的其他相邻部件时,可采用( )。
　　A. 夸大画法　　　　B. 假想画法　　　　C. 展开画法　　　　D. 缩小画法

16. 在装配图中,两个零件的非接触面有( )条轮廓线。
　　A. 2　　　　　　　B. 3　　　　　　　C. 1　　　　　　　D. 0

17. 为了防止机器或部件内部的液体成气体向外泄漏,同时也避免外部的灰尘、杂质等侵入,必须采用( )装置。
　　A. 密封　　　　　　B. 防松　　　　　　C. 紧固　　　　　　D. 压紧

18. 在零件明细栏中填写零件序号时,一般应( )。
　　A. 由上向下排列　　B. 由下向上排列　　C. 由左向右排列　　D. 由右向左排列

6-2 单选题

19. 表示机器或部件外形轮廓的大小即总长,总宽和总高的尺是(　　)。
    A. 规格(性能)尺寸　　　B. 装配尺寸　　　C. 安装尺寸　　　D. 外形尺寸

20. 在装配图中,对于薄片零件或微小间隙,无法按其实际尺寸画出,或图线密集难以区分时,可采用(　　)。
    A. 夸大画法　　　B. 假想画法　　　C. 展开画法　　　D. 缩小画法

21. 当通过有剖面线的区域时,指引线不应与剖面线平行;必要时,指引线可以画成折线,但只可曲折(　　)。
    A. 一次　　　B. 二次　　　C. 三次　　　D. 四次

22. 装配图中对于螺栓联接中的螺栓、垫圈、螺母标注序号时应(　　)。
    A. 标注同一个序号
    B. 螺栓、螺母标注同一序号,垫圈必须单独标注
    C. 可用一公共指引线引出再分别加以标注

23. 同一种零件或相同的标准组件在装配图上只编(　　)个序号。
    A. 一个　　　B. 两个　　　C. 三个

24. 装配图中,表示链传动的链条用的线型为(　　)。
    A. 粗点画线　　　B. 双点画线　　　C. 细点画线　　　D. 虚线

6-3 多选题

1. 装配图能反映(　　　　)。
   A. 机器中零件之间的关系、位置　　　　　　　　B. 工作情况
   C. 装配方法　　　　　　　　　　　　　　　　　D. 设计者的设计思想

2. 装配图必要的尺寸主要指的是(　　　　)。
   A. 部件或机器有关的性能(规格)尺寸　　　　　　B. 装配尺寸
   C. 安装尺寸　　　　　　　　　　　　　　　　　D. 整体外形尺寸

3. 在装配图中,当剖切面通过其轴线作纵向剖切时,下列零件(　　　　)均按不剖绘制。
   A. 螺栓、螺母　　　　B. 键和销　　　　C. 实心零件　　　　D. 汽缸体

4. 零件结合面区域不画剖面线,但被切断的其他零件应画剖面线。剖切范围可根据需要选择(　　　　)。
   A. 半剖　　　　　　　B. 全剖　　　　　C. 局部剖　　　　　D. 以上都不对

5. 下列零件(　　　　)在装配图中允许夸大画出。
   A. 密封垫片　　　　　B. 细金属丝小间隙　C. 小斜度　　　　　D. 小锥度

6. 装配图上技术要求的内容,主要包括(　　　　)。
   A. 装配方法　　　　　　　　　　　　　　　　　B. 质量要求
   C. 检验、调试中的特殊要求　　　　　　　　　　D. 安装、使用中的注意事项等

7. 在装配图中,如零件序号在整个图上连续时,应按(　　　　)方向整齐地顺序排列。
   A. 顺时针　　　　　　B. 水平方向　　　　C. 逆时针　　　　　D. 垂直方向

8. 下列(　　　　)属于组合标准件只编一个序号。
   A. 滚动轴承　　　　　B. 油杯　　　　　　C. 电动机　　　　　D. 螺杆

9. 零件明细栏包括(　　　　)备注等内容。
   A. 序号　　　　　　　B. 名称　　　　　　C. 数量　　　　　　D. 材料

6-3　多选题

10. 为了使轴在工作时保持正确的位置并能承受轴向载荷，滚动轴承必须进行轴向固定。轴向固定的方法，通常可采用(　　)等配合轴肩和套筒实现轴上零件的轴向固定。

    A. 螺母　　　　　　　　B. 挡圈　　　　　　　　C. 压板　　　　　　　　D. 石棉垫

11. 对于接触面与配合面的说法，下列正确的是(　　)。

    A. 两个零件在同一个方向上，只能有一个接触面或配合面

    B. 当轴与孔配合且轴肩与孔的端面相互接触时，应在孔的接触端面制成倒角或在轴根部切槽，以保证有良好的接触

    C. 当锥孔不通时，锥体和锥孔之间的底部必须留有间隙

    D. 凸台、凹坑保证接触良好

12. 从标题栏中可了解装配体的(　　)。

    A. 名称　　　　　　　　B. 比例　　　　　　　　C. 大致用途　　　　　　D. 零件数量

6-4　判断题

1. 一般来说,先有零件图,才有装配图。（　　）

2. 在装配图中,对于紧固件以及轴、键、销等实心零件,若按纵向剖切,且剖切平面通过其对称平面或轴线时,这些零件均按不剖绘制。（　　）

3. 装配图中明细栏中零件的序号自下而上。（　　）

4. 在装配图中两个零件的非接触面画两条轮廓线。（　　）

5. 装配图中编写序号的指引线,当通过剖面线的区域时,指引线不能与剖面线平行。（　　）

6. 识读装配图是通过对图形、尺寸、标题栏、明细栏及技术要求的分析,了解设计意图和要求的过程。（　　）

7. 为了表示与本部件的装配关系,但又不属于本部件的其他相邻零、部件时,可采用假想画法,将其他相邻零、部件用细点画线画出。（　　）

8. 从标题栏中可了解装配体的名称、比例和大致用途。（　　）

9. 在装配图中,对于薄片零件或微小间隙,无法按其实际尺寸画出或图线密集难以区分时,可将零件或间隙适当夸大。（　　）

10. 从明细栏和序号可知零件的名称、数量、材料和种类等,从而略知其大致的组成情况及复杂程度。（　　）

11. 表示将部件安装到机器上或将整个机器安装到基座上所需的尺寸为装配尺寸。（　　）

12. 分析零件时,应从主要视图中的主要零件开始分析,可按"先简单,后复杂"的顺序进行。（　　）

6-4　判断题

13. 在装配图中,当某些零件遮住了需要表达的结构和装配关系时,可假想沿某些零件的结合面剖切或假想将某些零件拆卸后绘制。（　）

14. 装配图中编写序号的指引线相互不能相交。（　）

15. 装配图上省略的细小结构、圆角、倒角、退刀槽等,在拆画零件图时均可忽略。（　）

16. 装配图与零件图一样,要标注全部的尺寸。（　）

17. 在装配图中,每种零件或部件只编一个序号,一般只标注一次。（　）

18. 在装配图中没有表达清楚的结构,要根据零件功用零件结构和装配关系,加以补充完善。（　）

19. 装配图中编写序号的指引线末端圆点应自所指部分的轮廓上引出。（　）

20. 滚动轴承不需要进行密封。（　）

21. 装配图中对规格相同的零件组,可详细地画出一处,其余用粗实线表示其装配位置。（　）

22. 两个零件在同一方向上只能有一个接触面和配合面。（　）

23. 当个别零件在装配图中未表达清楚而又需要表达时,可单独画出该零件的视图。（　）

24. 在装配图中,零件序号应标注在视图的外面,并按顺时针或逆时针方向顺序排列。（　）

25. 在装配图中为了表示某些零件的运动范围和极限位置时,可用双点画线画出该零件的极限位置图。（　）

26. 装配图中的一组图形的表达方法,与零件图的表达方法完全相同。（　）

6-4 判断题

27. 总体尺寸是指装配体外形轮廓和所占空间的尺寸,即总长、总宽、总高尺寸。（　）

28. 技术要求一般写在装配图的右下角。（　）

29. 在装配图中,当某个零件的形状未表示清楚而影响对装配关系的理解时,可另外单独画出该零件的某一视图。（　）

30. 在装配图中,当剖切平面通过某些标准产品的组合件,或该组合件已由其他图形表达清楚时,可只画出外形轮廓。（　）

31. 装配要求是指装配时注意事项和装配后应达到的性能指标等,如装配方法、装配精度等。（　）

32. 为了便于读图和图样管理,必须对装配体中每种零部件编写序号,并在标题栏上方编写相应的明细栏。（　）

33. 在各个剖视图中,同一零件的剖面线方向与间隔必须一致。（　）

34. 装配图中当标题栏上方位置不够时,可将明细栏顺序画在标题栏的左方。（　）

35. 当通过有剖面线的区域时,指引线不应与剖面线平行;必要时,指引线可以画成折线,但只可曲折一次。（　）

36. 装配图中明细栏是所绘装配图中全部零件的详细目录。（　）

37. 装配图中标注的尺寸,是组成装配体的各个零件的全部定形、定位尺寸。（　）

38. 每一种规格零件编一个序号,与明细栏中序号一致。相同零件明细栏中注明数量。（　）

39. 在装配图中,同一装配图编注序号的形式应一致。（　）

40. 装配体内的各零件结构除要达到设计要求外,还要考虑其装配工艺,否则会影响装配质量,装卸困难,甚至达不到设计要求。（　）

6-5 识读装配图

1. 识读球阀装配图后完成填空。

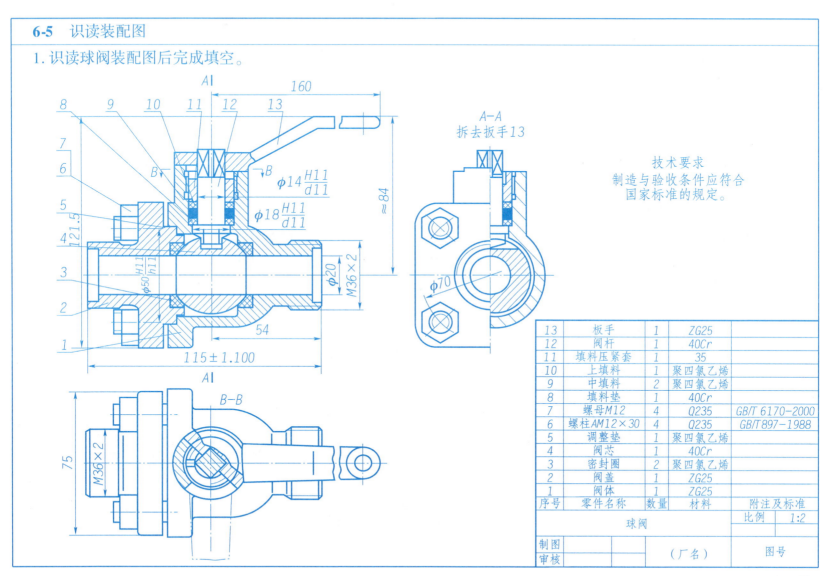

6-5 识读装配图

(1) 该装配体的名称是_____，比例是_____，主体材料是_____，共有_____种(21个)零件组成。

(2) 该装配图由_____个视图组成，主视图采用_____视图，左视图采用_____视图。

(3) A-A 是_____视图。

(4) 图中 121.5 是_____尺寸；115 是_____尺寸；尺寸 φ50H11/h11、φ14H11/d11、φ18H11/d11 是_____尺寸。

(5) φ50H11/h11 表示_____制_____配合，φ14H11/d11、φ18H11/d11 表示_____制_____配合。

(6) 填料垫8、填料9、填料10 起_____作用，填料压紧套11 起_____作用。

(7) 从技术要求来看，球阀属于_____件。

6-5 识读装配图

2. 识读齿轮油泵装配图后完成填空。

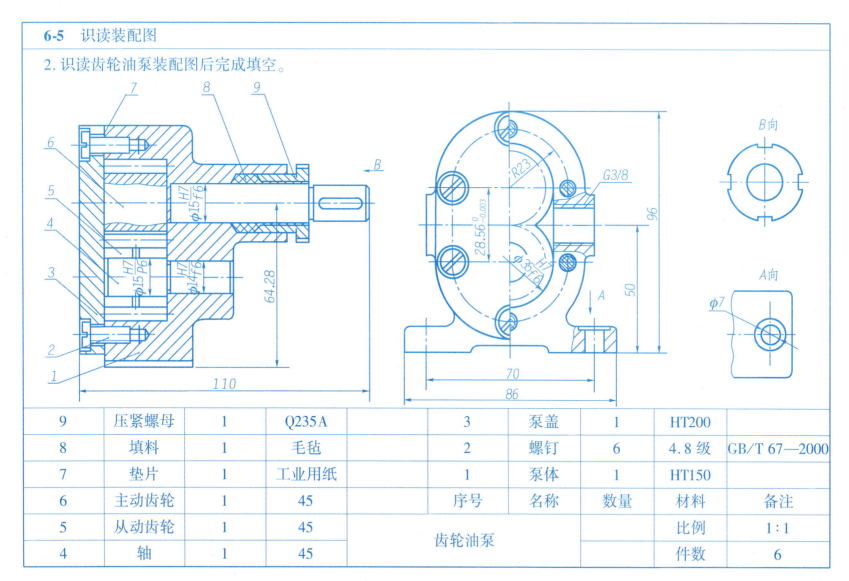

6-5　识读装配图

(1) 该装配体的名称是_____,比例是_____,共有____种(14个)零件组成。

(2) 该装配图由____个视图组成;主视图采用_____视图和____个局部剖视图;左视图采用_____视图和_____个局部剖视图。

(3) 泵盖与泵体间用_____连接的。

(4) A向、B向是_____视图。

(5) 图中尺寸φ15H7/f6、φ15H7/p6、φ14H7/f6 是_____尺寸;110、86、96 是_____尺寸;70 是_____尺寸。

(6) φ15H7/f6 表示_____制_____配合,φ15H7/p6_____制_____配合。

(7) 垫片7、填料8 起_____作用。

6-5 识读装配图

3. 识读柱塞泵装配图后完成填空。

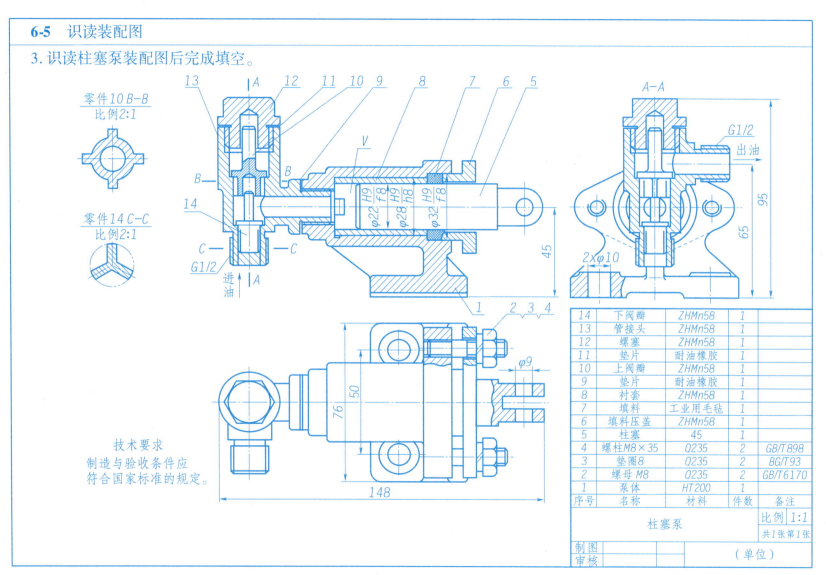

6-5　识读装配图

(1) 该装配体中,主视图采用____视图和____个局部剖视图;左视图采用2个_____视图;俯视图采用_____视图。

(2) 图中安装尺寸为_____;外形尺寸:长_____、宽_____、高_____。

(3) 主视图上柱塞左方的小矩形是_____零件的结构,它的作用是_____。

(4) 在装配图左上角中,分别绘制有零件10及零件14剖面图,这种表达方法称为_____;其比例为_____。

(5) 在装配图中零件9垫片的绘制属于_____画法。

(6) 序号2、3、4是一组紧固件以及装配关系清楚的零件组,采用_____指引线,序号按_____方向顺此排列。

(7) 图中尺寸 $\phi28H9/h8$ 表示零件1泵体与零件8衬套之间的配合既是_____制又是_____制,它们接触表面和配合面规定只画_____条线。

(8) 画泵体零件图,并标注全部尺寸和表面粗糙度。

6-5 识读装配图

4. 识读铣刀头装配图后完成填空。

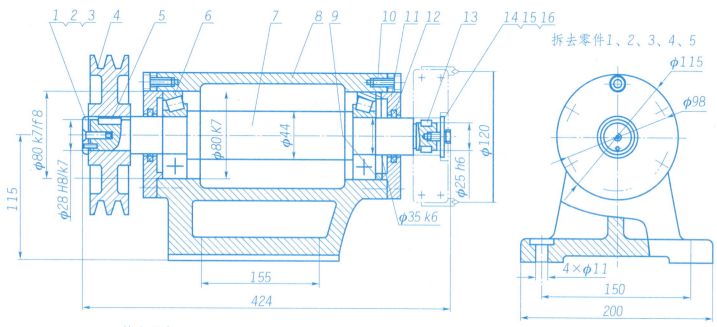

技术要求
1. 主轴始线对底面的平行度公差值为100:0.04；
2. 刀量定性轴轴颈的径向圆跳动公差值为0.02；
3. 刀盘定位轴线端面圆跳动公差体为0.02；
4. 铣刀头端面的轴向窜动不大于0.01。

16	GB/T93	垫圈	1	65Mn	6	GB/T296	轴承30307	2	
15	GB/T5783	螺栓M6X20	1	Q235-A	5	GB/T1091	键8×7×40		45
14		挡圈	1	35	4		V带轮	1	Mn
13	GB/T1036	键6X6X20	2	45	3	GB/T1191	销3×17	1	35
12	无图	毛毡25	2	222-36	2	GB/T68	螺钉M6X18	1	Q235
11		销盖	2	HT200	1	GB/691	挡圈35	1	Q235
10	GB/T1701	螺钉M6X20	12	Q235-A	序号	代号	名称	件数	材料
9		调整环	1	35	制图		铣刀头		比例
8		座体	1	HT200	审核				(图号)
7		轴	1	45					

6-5 识读装配图

（1）该装配体的名称是＿＿＿＿＿＿，主体材料是＿＿＿＿＿＿，共有＿＿＿＿＿＿种(21个)零件组成。

（2）装配图中，左视图采用＿＿＿＿＿＿画法，另加一个＿＿＿＿＿＿视图。

（3）零件序号1、2、3及零件序号14、15、16采用一条公共指引线，表示＿＿＿＿＿＿以及装配关系清楚的零件组。

（4）图中零件6轴承采用半剖及＿＿＿＿＿＿画法表达。

（5）图中轴尺寸 φ35k6 标注方法是＿＿＿＿＿＿；轴与轴承之间构成的是＿＿＿＿＿＿制＿＿＿＿＿＿配合。

（6）零件12是＿＿＿＿＿＿，在装配体中起＿＿＿＿＿＿作用。

（7）尺寸150是＿＿＿＿＿＿，尺寸424、200是＿＿＿＿＿＿。

（8）画出7号件的零件图（只画图即可）。

6-5 识读装配图

5. 识读螺旋千斤顶装配图后完成填空。

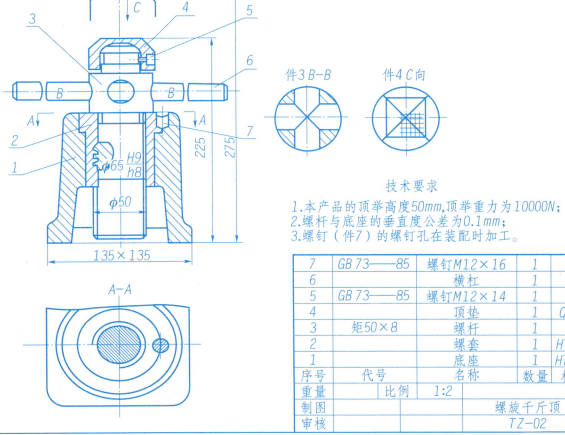

6-5　识读装配图

（1）该装配体由＿＿＿＿＿＿＿个零件组成，其中标准件有＿＿＿＿＿＿＿个,分别是件＿＿＿＿＿、件＿＿＿＿＿＿。

（2）该千斤顶属于＿＿＿＿＿＿式千斤顶，其工作原理为：旋动件＿＿＿＿＿＿，使件＿＿＿＿＿＿与件＿＿＿＿＿＿发生相对运动，从而改变件＿＿＿＿＿＿顶端与地面垂直高度，完成物体的举升或下降。

（3）底座1和螺套2靠件＿＿＿＿＿＿连接。

（4）由装配图可知，顶垫表面与地面垂直高度最大尺寸为＿＿＿＿＿＿；最小尺寸为＿＿＿＿＿＿。

（5）图中尺寸 $\Phi 65H9/h8$ 表示零件1底座与零件2螺套之间的配合既是＿＿＿＿＿＿＿＿＿制又是＿＿＿＿＿＿＿＿＿制。

（6）画出3号件的零件图(只画图即可)。

6-6　简答题

1. 装配图上技术要求包含哪些内容？

2. 装配体内各零件接触面与配合面的工艺结构要求是什么？

3. 常用的视图分析方法有哪些？

机械识图习题集解

单元一　图样的基本知识

1-1　简答题（一）

1. 什么是图纸？

答：图样是根据投影原理、标准或相关规定来表示工程对象，并有必要的技术说明的图，通常把这样的图称为图纸。

2. 图样的作用是什么？

答：图样的作用有以下三点：

（1）机械、化工的制造或建筑工程的施工都是依据图样进行的。

（2）设计者通过图样表达设计意图；制造者通过图样了解设计要求、组织制造和指导生产；使用者通过图样了解机器设备的结构和性能，以便进行操作、维护。

（3）图样是交流传递技术信息的媒介和工具，是工程界通用的技术语言。

3. 按图的种类划分，机械工程常用的图样分为哪几种类型？

答：按图的种类划分，机械工程常用的图样类型分为零件图和装配图。

4. 机械工程图样由什么组成？

答：机械工程图样是由点、线、数字、文字和符号等组成。

5. 图样中点、线、数字及文字的作用分别是什么？

答：图样中各部分的作用为点、线构成图来表达物体的结构和形状；数字表示大小及位置；文字表示其他内容。

1-2 简答题(二)

1. 图线是由什么线素组成?

答:图线是由点、短间隔、画、长画、间隔等线素组成。

2. 请举例并说明两种常用的基本线型及其用途。

答:例如:①粗实线,主要用于图形中可见的轮廓线;②细点画线,主要用于图形中的对称中心线、中心轴线等;③虚线,主要用于图形中不可见的轮廓线。

3. 找出下列 a)、b) 图形中的图线错误画法,并在其右边画出正确的图线图形。

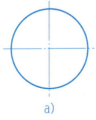

a)

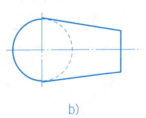

b)

1-3 图线练习、字体练习

答案(略)

1-4　尺寸注法练习(一)

1. 填写尺寸数值(从图中量取整数标注)。

(1)
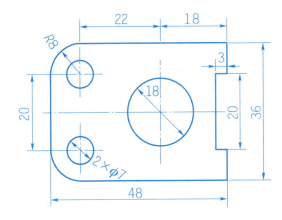

(2)
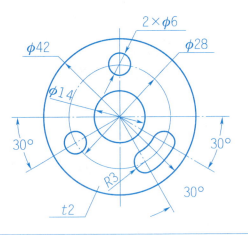

2. 标注圆的直径尺寸。

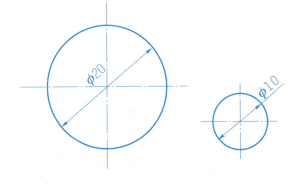

3. 标注圆弧的半径尺寸。

1-5　尺寸标注练习(二)

1. 找出图中尺寸标注的错误之处,在另一图中正确标注出。

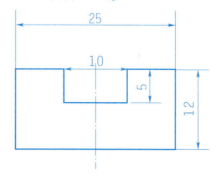

2. 标注尺寸,从图中量取整数标注。

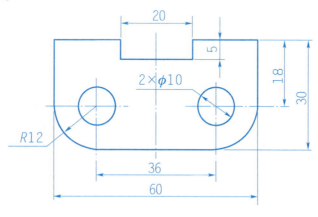

1-6 简答题

1. 在国家相关标准规定中,图纸幅面有几种?

答:有五种规格,A0～A4,其中 A0 最大,A4 最小。

2. 比例的定义是什么?常用的比例有哪些类型?

答:图中图形与其实物相应用要素的线性尺寸之比,称为比例。

常用的比例有原值比例、放大比例、缩小比例。

3. 请用 1:1 和 1:2 的比例,绘制下列图形。

绘图提醒:如按 1:1 比例画图时,图线的尺寸按所给数字量取,按 1:2 的比例画图,图线的尺寸则按所给数字的 1/2 来量。

(图略)

1-7　斜度和锥度练习

1. 参照所示图形,按所示数值完成图形,并标注尺寸和斜度代号。

作图步骤：
(1) 先画直线段 60、8 和 12；
(2) 过 O 点画一水平线,在其上取 2 个单位长,得 A 点；
(3) 过 A 点画一垂直线,在其上取 1 个单位长,得 B 点；
(4) 连接 O、B 并延长。如图所示。

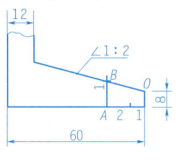

2. 参照所示图形,按所示的数值画全图形轮廓,并标注尺寸和锥度代号。

作图步骤：
(1) 从直径 28 的左端面往右量取 35,得点 O；
(2) 在 O 水平线上取 5 个单位长；
(3) 过"5"点在垂直线上取 1/2 单位长,得 A 点,连接 OA；
(4) 过点 E 画 OA 的平行线；
(5) 根据对称性,完成下部分的图形,如图所示。

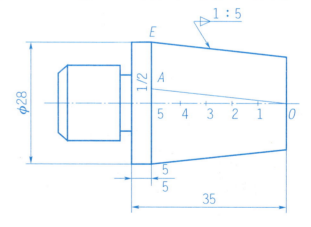

1-8　等分圆周、几何作图练习

1. 作图。

(1) 作圆的内接正六边形。　(2) 作圆的内接正三、十二边形。　(3) 作圆的内接正四、八边形。　(4) 作圆的内接正五边形。

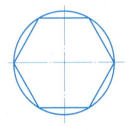   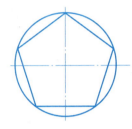

2. 按 1∶1 比例抄画下面图形,并标注尺寸。

提醒:

(1) 先画中心线;

(2) 画一直径 50 的圆,画出直径 50 圆的内接正六边形;

(3) 画正六边形的内切圆,直径 22 的圆;

(4) 再画其他图线;

(5) 图形完成后标注尺寸,标注时注意格式。

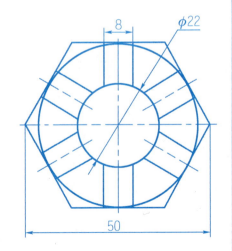

1-9 参考图例，按所给的 R 尺寸，完成圆弧连接

1. 两直线的圆弧连接。

作图步骤：

（1）以 R 为尺寸，画两直线的平行线得交点 O；

（2）过 O 画两直线的垂直线，得到切点 A、B；

（3）画出两切点 A、B 间的圆弧。

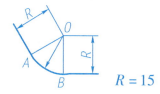

$R = 15$

2. 两圆弧间内切与外切的圆弧连接。

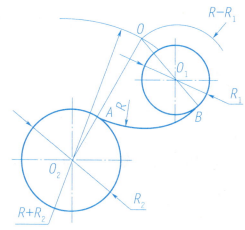

作图步骤：

（1）以 O_1 为圆心，以 $R - R_1$ 为半径画圆弧，以 O_2 为圆心，以 $R + R_2$ 为半径画圆弧；两圆弧的交点 O，即为圆心；

（2）连接 $O、O_1$ 和 $O、O_2$ 得到切点 A、B；

（3）以 O 为圆心，以 R 为半径，画出 AB 间的圆弧，如图所示。

3. 直线与圆弧间的圆弧连接。

作图步骤：

（1）以 O_1 为圆心，以 $R + R_1$ 为半径画圆弧，以 R 为尺寸画直线的平行线，圆弧与直线的交点即为圆心 O；

（2）连接 O_1、O 得到切点 A，过 O 作直线的垂直线得到垂直点 B，B 即为切点；

（3）以 O 为圆心，以 R 为半径，画出 A、B 两点间的圆弧。

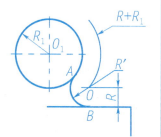

113

1-10 已知连接圆弧半径 R50 和 R28，完成下列图形的圆弧连接，并标出圆心和切点（保留作图线）

作图步骤：

1. 画外切圆弧

（1）以 O_1 为圆心，以 $R+R_1=28+R_1$ 为半径画圆弧，以 O_2 为圆心，以 $R+R_2=28+R_2$ 为半径画圆弧，两圆弧的交点 O_3，即为圆；

（2）连接 O_1、O_3 得切点 A，连接 O_2、O_3 的切点 B；

（3）以 O_3 为圆心，以 $R=28$ 为半径，画出 A、B 两切点间的圆弧。如图所示。

2. 画内切圆弧

（1）以 O_1 为圆心，以 $R-R_1=50-R_1$ 为半径画圆弧，以 O_2 为圆心，以 $R-R_2=50-R_2$ 为半径画圆弧，两圆弧的交点 O_4，即为圆心；

（2）连接 O_1、O_4 得切点 E，连接 O_2、O_4 得切点 F；

（3）以 O_4 为圆心，以 $R50$ 为半径，画出 E、F 两切点间的圆弧。

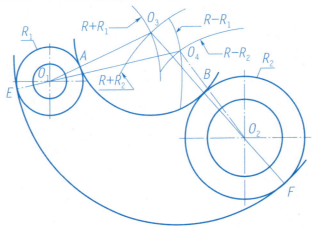

1-11 按 1:1 比例绘制挂钩的平面图形,并标注尺寸(绘制在 A4 的图纸上)

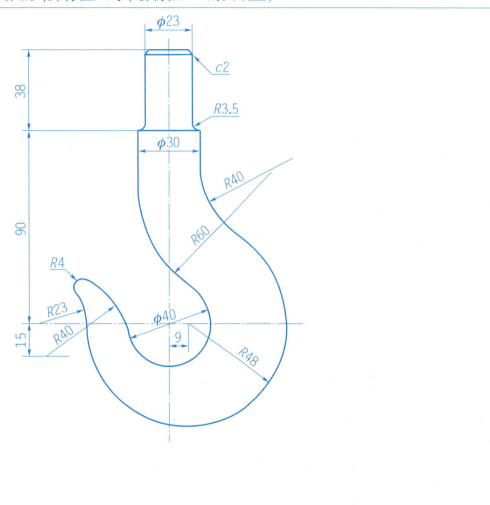

单元二 投影作图

2-1 综合题(一)

1. 中心、平行、平行、正投

2. 平行、垂直、正投影、视图

3. 不能、多面投影

4. 反映真实长度或成实形、真实性、积聚成一点或一条直线、积聚性、变短缩小或形状相似、类似性

5. 长对正、高平齐、宽相等

6. 平行、垂直、倾斜

7. 答：当直线平行于投影面时，其投影反映真实长度；
　　当直线垂直于投影面时，其投影积聚成一点；
　　当直线倾斜于投影面时，其投影变短。

8. 答：当平面平行于投影面时，其投影反映实形；
　　当平面垂直于投影面时，其投影积聚成一条直线；
　　当平面倾斜于投影面时，其投影变小，形状相似。

2-1 综合题(一)

9. 答:(1)分面投影。

选用相互垂直的三个投影面,建立一个三面投影体系。把物体正放在三投影面中,然后用正投影的方法在三个投影面上分别进行投影,就得到了三个视图,物体在正面的投影为主视图,水平面的投影为俯视图,侧面的投影为左视图。

(2)展开摊平。

正立投影面不动,将水平投影面绕 OX 轴向下旋转 $90°$,将侧立投影面绕 OZ 轴向右旋转 $90°$,这样三个投影面就展开摊平到同一平面上了,即得到物体的三视图。

10. 答:每个视图反映了物体一个方向的形状和两个方向的尺寸及相互之间的位置关系。

主视图反映了物体前面的形状和长度、高度方向的尺寸;

俯视图反映了物体上面的形状和长度、宽度方向的尺寸;

左视图反映了物体左面的形状和宽度、高度方向的尺寸。

11. 答:主视图和俯视图——长对正;

主视图和左视图——高平齐;

俯视图和左视图——宽相等。

简称:长对正,高平齐,宽相等。

12. 答:以主视图为主,俯视图在主视图的正下方,左视图在主视图的正右方。

13. 答:主视图和俯视图可以分出物体上各结构之间的左右位置;

主视图和左视图可以分出物体上各结构之间的上下位置;

左视图和俯视图可以分出物体上各结构之间的前后位置。

2-2 综合题(二)

1. 一般位置直线、投影面的平行线、投影面的垂直线
2. 一般位置平面、投影面的平行面、投影面的垂直面
3. 平行、垂直、正垂线、铅垂线、侧垂线
4. 倾斜、平行、正平线、水平线、侧平线
5. 倾斜、垂直面、正垂面、铅垂面、侧垂面
6. 垂直、平行、正平面、水平面、侧平面

7. ∠1:1、45°

2-2 综合题(二)

8. 正平、正垂、侧垂

9. 正垂、铅垂、侧垂、正平、一般位置直线、侧平、正平、铅垂

10. 答:点的正面投影与水平投影的连线垂直于 OX 轴;
    点的正面投影与侧面投影的连线垂直于 OZ 轴;
    点的水平投影与侧面投影具有相同的 y 坐标。

2-2 综合题(二)

11. 答:(1)直线的三面投影都倾斜于投影轴,它们与投影轴的夹角,均不反映直线对投影面的倾角。
    (2)直线的三面投影的长度都短于实长。

12. 答:(1)投影面平行线的三个投影都是直线,其中在与直线平行的投影面上的投影反映线段实长,而且与投影轴线倾斜,与投影轴的夹角等于直线对另外两个投影面的实际倾角。
    (2)在另外两个投影面的投影都短于实长,且分别平行于相应的投影轴,其到投影轴的距离反映空间线段到线段实长投影所在投影面的真实距离。

13. 答:(1)投影面垂直线在所垂直的投影面上的投影必积聚为一个点。
    (2)另外两个投影都反映线段实长,且垂直于相应的投影轴。

14. 答:一般位置平面的各个投影均为类似形线框,不反映实形。

15. 答:(1)在所平行的投影面上的投影反映实形。
    (2)在另外两个投影面上的投影分别积聚为直线,且分别平行于相应投影轴。

16. 答:(1)在所垂直的投影面上的投影积聚成直线;它与投影轴的夹角,分别反映该平面对另外两个投影面的真实倾角。
    (2)在另外两个投影面上的投影为与原形类似的平面图形,面积缩小。

2-2 综合题(二)

17. A 18. C 19. D 20. D 21. B 22. D 23. B 24. C 25. A

26.

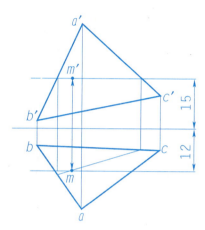

27.

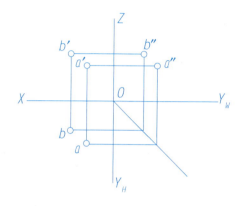

121

2-2 综合题(二)

28.
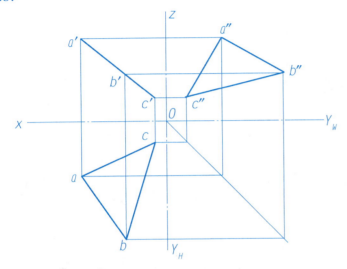

29.
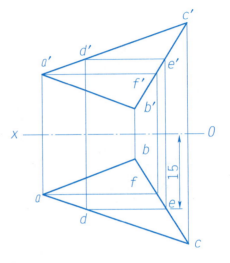

2-2 综合题(二)

30.

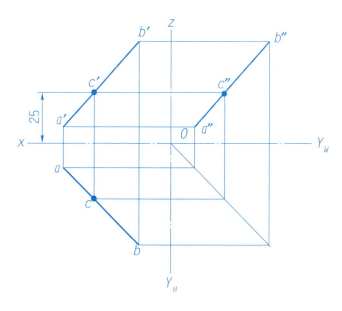

123

2-3 综合题(三)

1. 平面立体、曲面立体、平面立体、曲面立体
2. 棱锥体、棱柱体、圆柱体、圆锥体、圆球体、圆环体
3. 截交线、相贯线、共有性、封闭性
4. 平面图形
5. 平面曲线或平面曲线和直线围成的封闭平面图形、表面取点法、辅助平面法、辅助球面法
6. 矩形、圆、椭圆
7. 圆、椭圆、三角形、抛物线、双曲线
8. 矩形、圆、椭圆

9. b 10. c 11. b 12. c 13. d 14. c 15. b 16. b 17. c 18. d

2-3 综合题(三)

19.

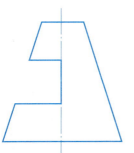 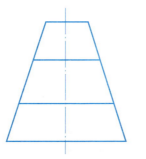

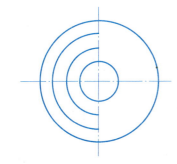

20.

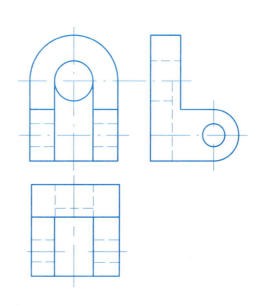

2-4 综合题（四）

1. 叠加型、切割型、叠加和切割的综合型
2. 相交、相切、平行
3. 基本体、形状、组合方式、相对位置
4. 形体分析法、线面分析法
5. 长度、高度、宽度、径向尺寸和轴向尺寸的尺寸、本形体尺寸和截平面的位置尺寸、标注基本形体尺寸和两相贯体的位置尺寸、不标注、长度、宽度和高度、基准

6.

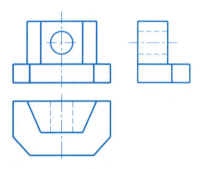

7.

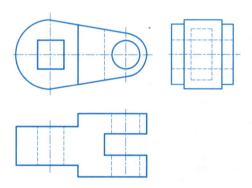

2-4 综合题(四)

8.

9.

10.

11.

2-4 综合题(四)

12.

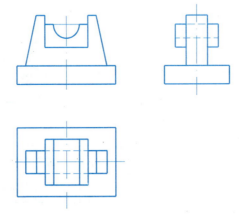

单元三　机件形状的表达方法

> **3-1**　简答题

1. 答：并不是必须用到六个基本视图，在完整、清洗表达零件结构形状前提下，尽量减少视图的数量，便于画图和看图。

2. 答：机件的可见轮廓线应该用粗实线绘制，非可见轮廓线应该用虚线绘制。

3. 答：一组完整的尺寸一般是由尺寸数字、尺寸界线、尺寸线三部分组成，称之为尺寸的三要素。

3-2	选择题
1. A	
2. A	
3. A	
4. A	
5. C	
6. D	
7. A	
8. D	
9. A	
10. C	

3-3 填空题

1. 基本视图、向视图、局部视图、斜视图
2. 全剖视图、半剖视图、局部剖视图
3. 移出、重合、中断
4. 它与实物的对应线性尺寸之比
5. 正下方、长对正、正右方、高平齐、宽相等、长对正、高平齐、宽相等、实线、虚线

3-4 判断题

1. √
2. √
3. ×
4. √
5. √
6. ×
7. ×
8. ×
9. ×
10. ×

3-5 画图题

1.

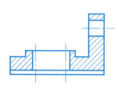

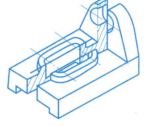

2.

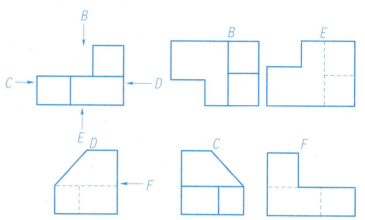

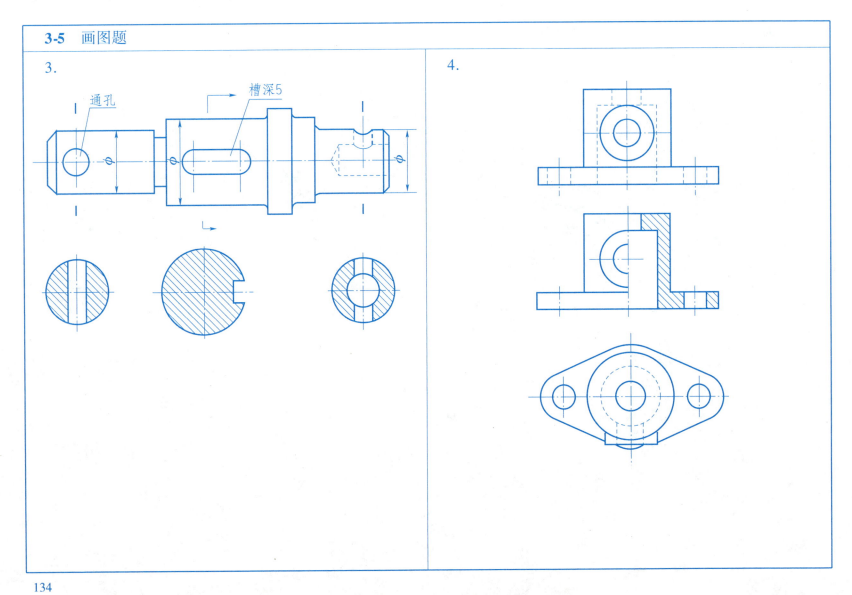

3-5 画图题

5.

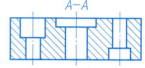
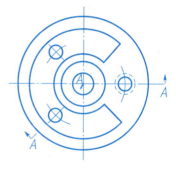

6.

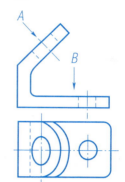

3-5 画图题

7.

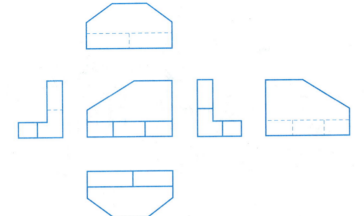

8.

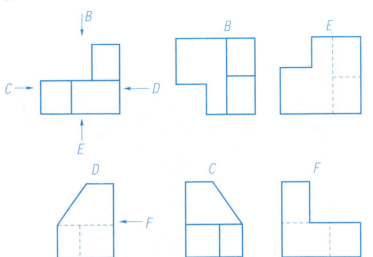

3-5 画图题

9.

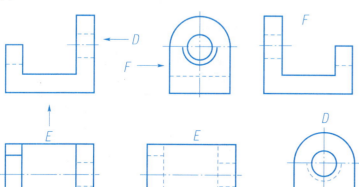

10.

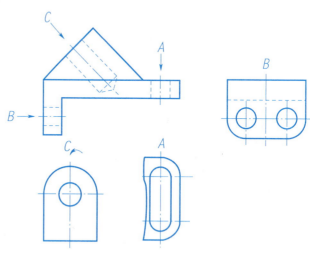

137

3-5 画图题

11.

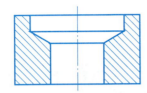

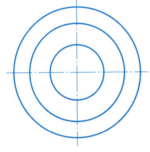

12.

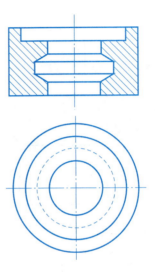

3-5 画图题

13.

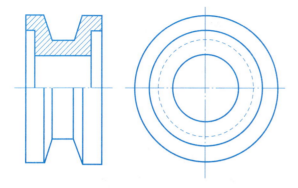

14.

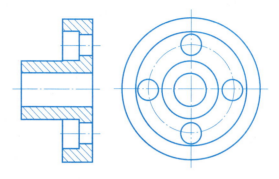

3-5 画图题

15.

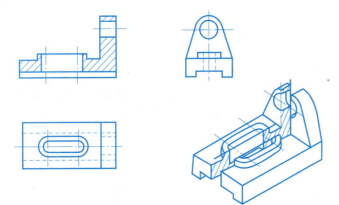

16.

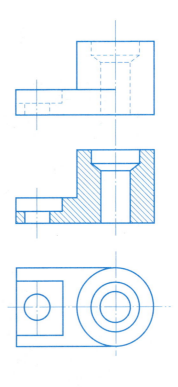

3-5 画图题

17.

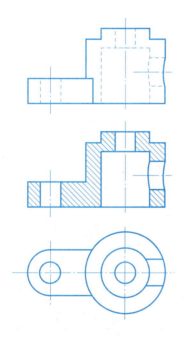

18.

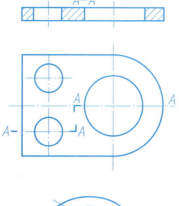

3-5 画图题

19.

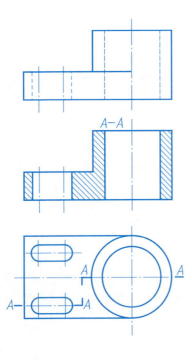

20.

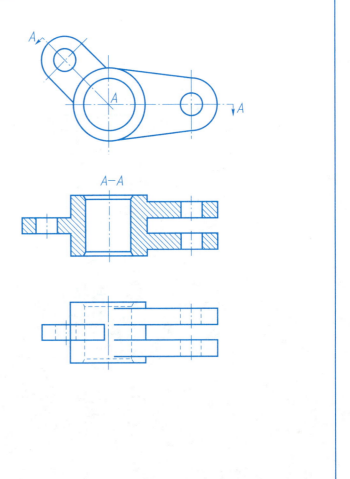

3-5 画图题

21.

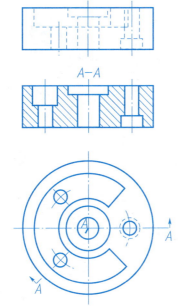

22.

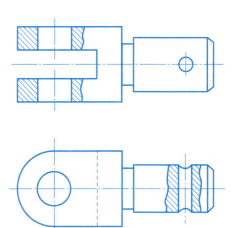

3-5 画图题

23.
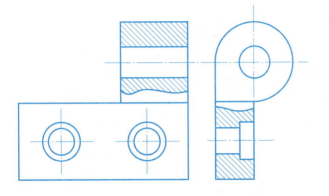

24.
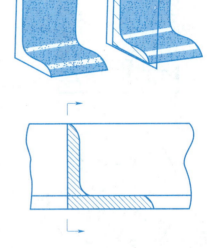

144

3-5 画图题

25.

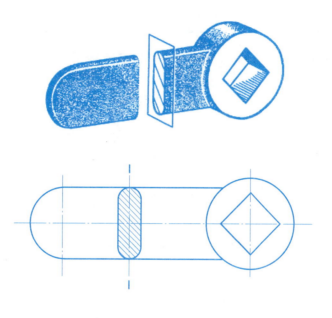

单元四 零 件 图

4-1 简答题

1. 一张完整的零件图包括哪些内容?

答:一张完整的零件图包括的内容有一组视图、尺寸标注、技术要求、标题栏。

---

2. 画零件图主视图时主要考虑哪些位置?

答:画零件图主视图时主要考虑零件的加工位置、工作位置和结构特征位置。

---

3. 零件图图样上标注的技术要求常包括哪些内容?

答:零件图图样上标注的技术要求常包括表面粗糙度、形状公差、位置公差、公差与配合等内容。

4-2 表面粗糙度标注

1.

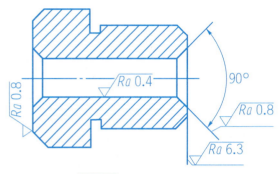

(1) 内圆柱面 √Ra 0.4

(2) 左端面 √Ra 0.8

(3) 右端面 √Ra 6.3

(4) 孔口倒角处 √Ra 0.8

2.

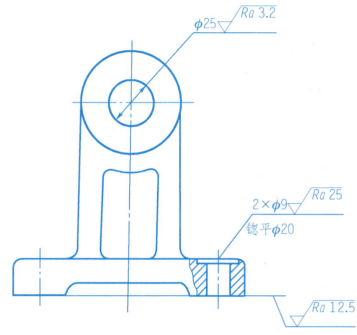

(1) φ25 圆柱面为 √Ra 3.2

(2) 底平面为 √Ra 12.5

(3) $\dfrac{2\times\phi9}{锪平\ \phi20}$ √Ra 25

4-3 简答题

1. 基本尺寸相同的孔和轴的配合类型有哪些?

答：基本尺寸相同的孔和轴的配合类型有间隙配合、过盈配合、过渡配合。

2. 解释下列尺寸：

（1）$\phi 28H8$：

答：基本尺寸为 $\phi 28$，H 代表孔的基本偏差代号，8 为标准公差等级。

（2）$\phi 68f6$：

答：基本尺寸为 $\phi 68$，f 代表轴的基本偏差代号，6 为标准公差等级。

（3）$\phi 68H8/f6$：

答：一对配合的孔和轴的基本尺寸为 $\phi 68$，H 代表孔的基本偏差代号，8 为标准公差等级，f 代表轴的基本偏差代号，6 为标准公差等级。

（4）$\phi 68(\pm 0.01)$：

答：基本尺寸为 $\phi 68$，上偏差为 $+0.01$，下偏差为 -0.01，最大极限尺寸 $\phi 68 + 0.01 = \phi 68.01$，最小极限尺寸 $\phi 68 - 0.01 = \phi 67.99$。

4-4　形位公差的识读

1. φ40 圆柱素线、直线度、0.020
2. 键槽两侧面、φ40 轴线、对称度、0.015
3. φ40 圆柱面、φ26 的公共轴线、圆跳动、0.030

4-5　读零件图做练习（二）

1. 零件采用几个视图表达，视图的名称是什么？
答：零件采用1个视图表达，视图的名称是主视图。

2. 图中为什么采用折断画法？
答：气门杆细长，且其直径不变。

3. 长度方向的尺寸基准是什么？是根据什么决定的？
答：长度方向的主要尺寸基准是排气阀头左端面。是根据图上所标注的尺寸的起点次数决定的。

4. 解释尺寸 $\phi 9_{-0.3}^{-0.2}$ 的含义，排气阀杆直径必须保持在哪个范围算合格？
答：基本尺寸是 $\phi 9$，上偏差是 -0.2，下偏差是 -0.3，尺寸公差是 0.5，阀杆直径必须保持在 $\phi 8.7 \sim \phi 8.8$ 之间算合格。

5. 解释下列形位公差意义：

| ↗ | 0.03 | A |：阀头部工作面（圆锥面）对 $\phi 9$ 轴线的圆跳动公差为 0.03。

| — | $\phi 0.01$ |：圆柱 $\phi 9$ 轴线的直线度公差为 $\phi 0.01$。

| ↗ | 0.05 | A |：阀杆右端面对 $\phi 9$ 轴线的圆跳动公差为 0.05。

| ⌭ | 0.01 |：阀杆（圆柱 $\phi 9$）的圆柱度公差为 $\phi 0.01$。

4-6 读零件图做练习(二)

气阀弹簧座读图要求：

1. 2、全剖

2. $\phi 19$

3. $\phi 19$

4. 答：左端面的表面粗糙度为 $\sqrt{Ra\ 6.3}$；右端面的表面粗糙度为 $\sqrt{Ra\ 12.5}$；以左端面作为基准的次数较多，所以左端面是长度方向的主要基准，是工作表面，表面加工精度要求高，所以左端面为尺寸的主要基准比较重要。

4-7 读零件图做练习（二）

读图要求：

1. HT200、1∶2、2

2. 75mm、ϕ190.6mm、ϕ190.6mm

3. +0.025、0、ϕ42、ϕ42.025、ϕ42

4. 右端面、皮带轮 $\phi42_{0}^{+0.025}$ 轴线（皮带轮右端面对 ϕ42H7 轴线的圆跳动公差为 0.08）

5. 3、12.5

4-8 读零件图做练习(二)

1. 牵引钩前支承座、QT400、1∶2
2. 两相交剖切平面
3. ϕ78、56、ϕ78、60
4. 56、108、ϕ11
5. ϕ62.30、ϕ62、0.30、12.5
6. ϕ62、4-ϕ11、0.25

4-9　读零件图做练习(二)

1. 拨叉、HT150、叉架、1:2、零件图上任一线段的长度等于零件上相应线段的长度 $\frac{1}{2}$

2. 4、主、左、局部、移出、局部

3. 64、8(±0.018)、3.3

4. 25、+0.021、0、25.021、25.0、0.021

4-10　读零件图做练习(二)

1. 轴、45
2. 4、1个主视图、2个断面图、1个A向局部视图
3. 轴的右端面、轴线、12和8、5和4、2和3、倒角、2、45°、M6↓10
4. φ35.025、φ35.009、0.016、不合格
5.
6. φ30圆柱的轴线、φ40圆柱的轴线、同轴度、φ0.03

4-11　读零件图做练习(二)

1. 轮胎螺栓、35、1∶1
2. 主视、左视、C-C 断面
3. 轴的右、轴线
4. 2、M20×1.5LH－6g、M20×1.5－6g、普通螺纹,公称直径为 20,螺距为 1.5,中径和顶径的公差带代号为 6g,左端螺纹为左旋、右端螺纹为右旋,中等旋合长度
5. 左端面圆形沟槽内、外直径和槽深
6.
7. φ20.13、φ20.05、φ0.08
8. φ20 圆柱表面,M20 左、右螺纹,径向圆跳动,0.4

单元五　标准件与常用件的画法

5-1　简答题(一)

1. 标准件和常用件的定义是什么?

答:(1)零件的结构和尺寸均已标准化,称为标准件。

　　(2)零件的部分结构和参数已标准化,称为常用件。

2. 螺纹的分类有哪些?

答:(1)按螺纹的标准化程度分类分为标准螺纹、特殊螺纹和非标准螺纹。

　　(2)按螺纹的用途分类分为连接螺纹和传动螺纹。

3. 在机械设备中键的作用是什么?

答:在机械设备中键主要用于连接轴和轴上的零件以传递扭矩,也有的键具有导向的作用。

4. 花键分为哪几类? 定义分别是什么?

答:花键分为外花键和内花键。在轴上加工的花键称为外花键,在孔内加工的花键称为内花键。

5-2　简答题(二)

1. 齿轮的定义是什么?

答:齿轮是机器设备中广泛应用的一种传动零件,用来传递动力、运动,改变转速和旋转方向。

2. 圆柱螺旋弹簧,按所受载荷特性不同分为哪几类?

答:圆柱螺旋弹簧,按所受载荷特性不同又可分为压缩弹簧、拉伸弹簧和扭转弹簧三种。

3. 写出下列圆柱齿轮的名称。

1. 直齿圆柱齿轮　　　　2. 斜齿圆柱齿轮　　　　3. 人字齿圆柱齿轮

5-3 简答题(三)

1. 确定螺纹几何尺寸的要素有哪些？

答：牙型、大径、螺距、线数和旋向是确定螺纹几何尺寸的五要素。

2. 已知圆柱螺旋压缩弹簧的中径 $D_2=38$，簧丝直径 $d=6$ 节距 $t=11.8$，有效圈数 $n=7.5$，支承圈数 $n_0=2.5$，右旋，计算弹簧的外径和自由高度。

答：弹簧外径 $D = D_2 + d = 38 + 6 = 44$

自由高度 $H_0 = n_t + (n_0 - 0.5)d = 7.5 + 11.8 + (2.5 - 0.5) \times 6 = 100.5$

3. 解释滚动轴承代号 6214 中各数字表示的意义。

答：6——类型代号，表示深沟球轴承。

2——尺寸系列代号"02"，"0"为宽度系列代号，按规定省略未写；"2"为直径系列代号，故两者组合时注写成"2"。

14——内径代号，表示该轴承内径为 $14 \times 5 = 70$mm，即注出的内径代号是由公称内径 70mm。

5-4 按要求作图

1. 画出下列六角头螺栓的简化画法。

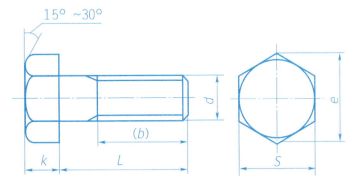

答:六角头螺栓简化画法如下。

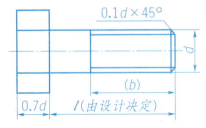

2. 画出下列六角螺母的简化画法。

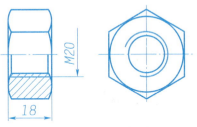

答:六角螺母简化画法如下。

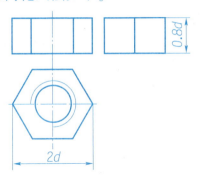

5-5 简答下列问题

1. 紧定螺钉锥端、柱端、平端的作用分别是什么？

答：(1) 锥端紧定螺钉靠端部锥面顶入机件上的小锥坑起定位、固定作用。

(2) 柱端紧定螺钉利用端部小圆柱插入机件上的小孔或环槽起定位、固定作用。

(3) 平端紧定螺钉靠其端平面与机件的摩擦力起定位作用。

2. 滚动轴承分为哪几类？

答：滚动轴承按其所能承受的载荷方向不同分为(1)向心轴承；(2)推力轴承；(3)向心推力轴承。

3. 圆柱销、圆锥销、开口销在机器中的作用是什么？

答：圆柱销、圆锥销在机器中主要起连接和定位作用；开口销用来防止螺母松动或固定其他零件。

5-6 螺纹画法及改错

1. 检查螺纹画法的错误,在其下方画出正确的图。

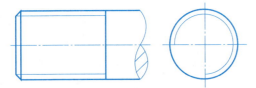

2. 找出螺孔画法中的错误,在其下方画出正确的图。

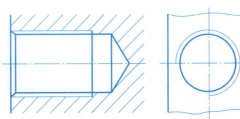

3. 检查螺纹连接画法的错误,在其下方画出正确的图。

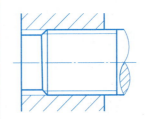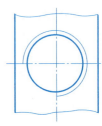

5-7 根据图形中的螺纹标注,写出螺纹的具体含义

1.

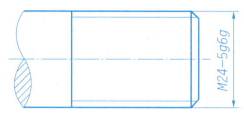

螺纹表示含义:粗牙普通螺纹,大径24,螺距3、单线,右旋,中径公差代号5g,顶径公差带代号6g。

2.

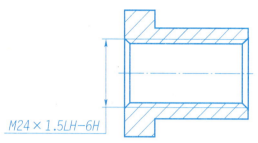

螺纹表示含义:细牙普通螺纹,大径24 螺距1.5,单线,左旋,中径及顶径公差带代号均为6H。

3.

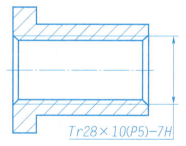

螺纹表示含义:梯形螺纹,公称直径为28,螺距为5,双线,右旋,中径公差带为7H,中等旋合长度。

4.

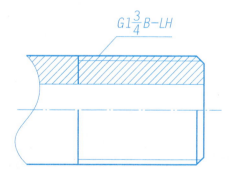

螺纹表示含义:非螺纹密封管螺纹,尺寸代号为 $1\frac{3}{4}$,公差等级为B级,左旋。

5-8 对照国家标准表，写出以下连接件的名称及规定标记

1.
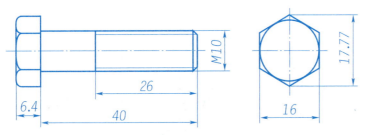
名称及规定标记：六角头螺栓 GB/T 5782—2016 M10×40

2.
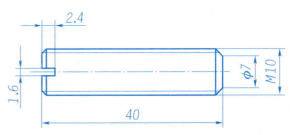
名称及规定标记：紧定螺钉 GB/T 73—2017 M10×40

3.
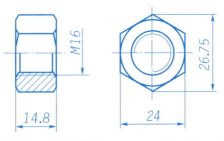
名称及规定标记：六角螺母 GB/T 6170—2015 M16

4.
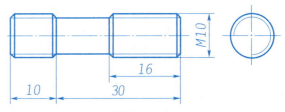
名称及规定标记：双头螺柱 GB/T 897—1988 M10×30

5-9　画出键槽及键连接图

1. 画出 A-A 剖视图,并标出键槽尺寸。

3. 用普通平键将左边 1、2 的两个零件连接起来,补画出键连接装配图的 A-A 剖视图,并给出键的规定标记。

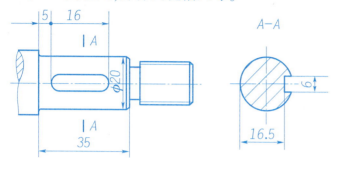

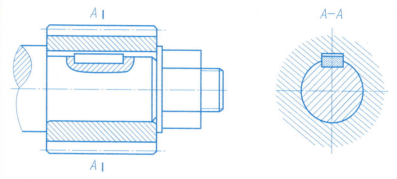

键的规定标记:GB/T 1095—2003 键 6×6×16

2. 画出键槽左视图,并标注键槽的尺寸(与上图的轴相配合)。

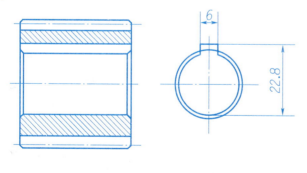

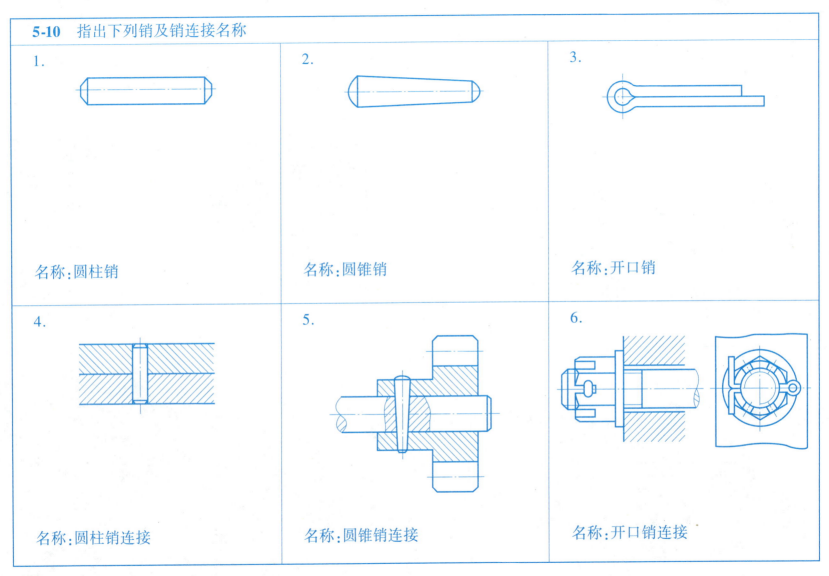

5-11 识图并补充完整

1. 已知直齿圆柱齿轮模数 $m=4$、齿数 $z=20$，试计算其分度圆、齿顶圆和齿根圆直径，完成齿轮的两视图（选择合适比例）。

答：分度圆直径：$d = zm = 20 \times 4 = 80$，

齿顶圆直径：$d_a = m(z+2) = 4 \times (20+2) = 88$

齿根圆直径：$d_f = m(z-2.5) = 4 \times (20-2.5) = 70$

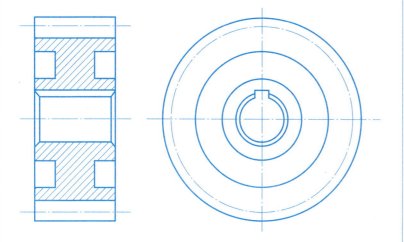

2. 写出下图零件名称，并画出简化视图。

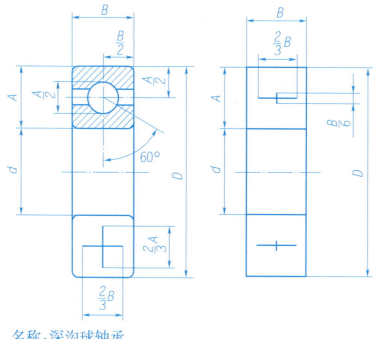

名称：深沟球轴承

5-12 识图并补充完整

1. 指出圆柱齿轮的齿顶圆、齿根圆和分度圆。

2. 根据已给的弹簧作图,按右旋旋向(或实际旋向)作相应圆的公切线,画成剖视图。

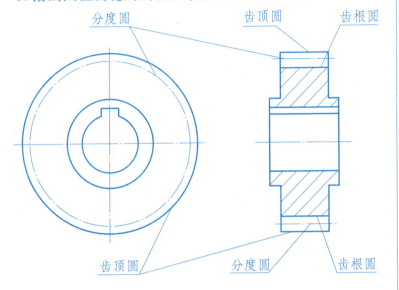

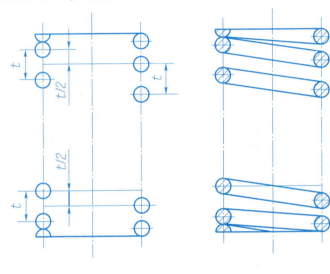

单元六 装配图

6-1 填空题

1. 一组图形、必要的尺寸、技术要求、编号和明细栏
2. 工作情况、装配方法、装配、零件
3. 拆卸画法、假想画法、展开画法、简化画法、夸大画法
4. 性能装配、外形、安装
5. 装配方法、质量要求、注意事项、右下角
6. 编写序号
7. 序号、名称、数量、材料
8. 主要零件、先简单、后复杂
9. 过盈配合、过渡配合、间隙配合
10. 基孔制、过盈
11. 表面光洁度、轮廓算术平均偏差、平整、粗糙
12. 形位公差
13. 倒角
14. 相反、一致
15. 双点画线

6-2 单选题

1. B
2. A
3. B
4. D
5. B
6. A
7. B
8. C
9. B
10. C
11. D
12. C
13. A
14. A
15. B
16. A
17. A
18. B
19. D
20. A
21. A
22. C
23. A
24. B

6-3 多选题

1. ABCD
2. ABCD
3. ABC
4. ABC
5. ABCD
6. ABCD
7. AC
8. ABC
9. ABC
10. ABC
11. ABCD
12. ABC

6-4 判断题

1. ×
2. √
3. √
4. √
5. √
6. √
7. ×
8. √
9. √
10. √
11. √
12. √
13. √
14. √
15. ×
16. ×
17. √
18. √
19. √
20. ×
21. ×
22. √
23. √
24. √
25. √
26. ×
27. √
28. √
29. √
30. √
31. √
32. √
33. √
34. √
35. √
36. √
37. ×
38. √
39. √
40. √

6-5　识读装配图

1. 识读球阀装配图后完成填空。

(1) 球阀、1∶2、ZG25、13

(2) 三、一、一

(3) 半剖

(4) 球阀高度、长度、配合

(5) 基孔、间隙、基孔、过渡

(6) 密封、压紧

(7) 标准

2. 识读齿轮油泵装配图后完成填空。

(1) 齿轮油泵、1∶1、9

(2) 4、全剖、1、半剖、2

(3) 螺钉

(4) 局部

(5) 配合、总体、安装

(6) 基孔、过盈、基孔、间隙

(7) 密封

6-5　识读装配图

3.识读柱塞泵装配图后完成填空。

(1)全剖、1、局部剖、局部剖

(2)50、148、70、95

(3)半剖、定位

(4)局部放大法、2∶1

(5)夸大

(6)共同、水平

(7)基孔、基轴、一

(8)(略)

4.识读铣刀头装配图后完成填空。

(1)铣刀头、HT200、16

(2)拆除、局部剖

(3)一组紧固件

(4)简化

(5)引出标注、基轴、过盈

(6)填充材料、密封

(7)安装、总体

(8)(略)

6-5 识读装配图

5. 识读螺旋千斤顶装配图后完成填空。

(1) 7、2、5 螺钉 M12×14、7 螺钉 M12×16

(2) 机械式、6 横杠、3 螺杆、2 螺套、4 顶垫

(3) 7 螺钉 M12×16

(4) 275、225

(5) 基孔、基轴

(6)（略）

6-6 简答题

1. 答:装配图上技术要求包含装配方法、质量要求、检验、调试中的特殊要求以及安装、使用中的注意事项等。应根据装配体的结构特点和使用性能恰当填写。技术要求一般写在装配图的右下角。

(1)装配要求:装配时注意事项和装配后应达到的性能指标等,如装配方法、装配精度等。

(2)检验要求:检验、试验的方法和条件以及应达到的指标。

(3)安装使用要求:机器在安装使用、维修保养时的要求。

2. 答:装配体内各零件接触面与配合面的工艺结构要求有:

(1)两个零件在同一个方向上,只能有一个接触面或配合面。

(2)当轴与孔配合且轴肩与孔的端面相互接触时,应在孔的接触端面制成倒角或在轴根部切槽,以保证有良好的接触。

(3)由于锥面配合能同时确定轴向和径向的位置,因此,当锥孔不通时,锥体和锥孔之间的底部必须留有间隙。

3. 答:常用的视图分析方法有:

(1)利用剖面线的方向和间隔不同来分析。同一零件的剖面线,在各个视图上方向、间隔都是一致的。

(2)利用规定画法来分析。如实心件在装配图中规定沿轴线方向剖开的可不画剖面线,据此能迅速地将丝杆、手柄、螺钉、键、销等零件区别出来。

(3)利用零件序号,对照明细栏来分析。

参 考 文 献

[1] 冯建平,郑小玲.机械识读习题集及习题集解[M].2版.北京:人民交通出版社股份有限公司,2017.
[2] 侯涛.机械识图[M].北京:人民交通出版社股份有限公司,2019.
[3] 陈秀华,易波.汽车机械制图[M].北京:人民交通出版社股份有限公司,2019.
[4] 胡建生.机械制图[M].北京:机械工业出版社,2019.